计算复杂性理论导引

陈　原　编著

西安电子科技大学出版社

内 容 简 介

本书介绍了计算复杂性理论的一些基础知识,如计算模型 Turing 机、复杂性的度量与本质关系、P 等不等于 NP 问题、空间复杂性等,还选择了一些适合密码学及信息安全专业学习的高级专题,如随机化算法、电路复杂性、交互式证明等进行了介绍。

本书的编写尽量少使用计算机专业术语,涉及的计算问题相对集中,避免学生因相关数学知识储备不够而造成困惑。对较难的定理证明,给出直观分析以增进学生的理解和消化。设置了合适数量和难度的习题,习题中的知识点也非常重要,通过给出适当提示,引导学生完成。

本书可作为密码学、信息安全及相关专业的"计算复杂性理论"课程的教材。

图书在版编目(CIP)数据

计算复杂性理论导引/陈原编著. —西安:西安电子科技大学出版社,2021.7(2023.1 重印)
ISBN 978 - 7 - 5606 - 5929 - 9

Ⅰ. ①计… Ⅱ. ①陈… Ⅲ. ①计算复杂性 Ⅳ. ① TP301.5

中国版本图书馆 CIP 数据核字(2021)第 018292 号

策 划 戚文艳
责任编辑 戚文艳
出版发行 西安电子科技大学出版社(西安市太白南路 2 号)
电 话 (029)88202421 88201467 邮 编 710071
网 址 www.xduph.com 电子邮箱 xdupfxb001@163.com
经 销 新华书店
印刷单位 陕西博文印务有限责任公司
版 次 2021 年 7 月第 1 版 2023 年 1 月第 2 次印刷
开 本 787 毫米×1092 毫米 1/16 印张 9.75
字 数 224 千字
印 数 1001~2000 册
定 价 24.00 元
ISBN 978 - 7 - 5606 - 5929 - 9/TP
XDUP 6231001 - 2

前　　言

　　计算复杂性理论是为了解决七大世纪难题"P 等不等于 NP 问题"而发展起来的数学理论，它是计算机科学理论的重要组成部分，也是支撑现代密码学的基础理论之一。计算复杂性理论研究的是什么问题易解什么问题难解，而密码学是一门需要困难问题的学科，所以对密码学及信息安全类专业的学生教授这门课程十分必要。

　　2007 年，我开始为密码学专业的研究生讲授"计算复杂性理论"。鉴于计算复杂性理论之于密码学的重要性，我在攻读博士期间曾自学过一些相关的内容。留校任教后，看到开课目录中有这门课程我就欣然接受了教授这门课程的任务，一来可以帮助更多的学生了解相关的知识，为密码学理论的学习打好基础，二来自己也有了一个系统学习这门学科的机会。

　　当我将这件事情告诉我的博士生导师肖国镇教授时，他非常高兴。没过几天，他给了我一本厚厚的、发黄的讲义，这是肖老师多年以前整理的日本学者一松信在西安电子科技大学讲学时的讲义，里面有部分关于计算复杂性理论的内容。肖老师很兴奋地把这些材料交给我，甚至还有一些不舍，他希望我将来也能编一本计算复杂性理论的讲义。看着他眼中闪耀的光彩，我对未来的工作也充满了期待和希望。

　　真正开始准备课程，我才体会到了诸多的难处。首先，与计算复杂性理论相关的中文书籍和教材较少，学校也没有这门课程的前期积累，属于新开课程。其次，我所面对的学生多数没有计算理论的基础，能够找到的多数中英文资料和书籍使用的计算机类术语较多，对于无相关基础的学生来说，阅读和理解都比较困难，并不适用。再次，复杂性理论是新兴学科，专题多且涉及面广。除关于 P 和 NP 的基础知识外，需要仔细地衡量和选择讲授哪些内容，还要保证内容的连贯性。最后，复杂性理论的很多内容比较抽象，很多定理的证明比较复杂，细节描述繁琐，怎么讲才能让学生更好地接受需要多番尝试。

　　经过若干年的经验积累之后，我开始利用暑假时间整理电子讲义，选取了适合密码学及信息安全专业学生的专题，尽量减少计算理论专业术语的使用，设置了合适数量和难度的习题。后期又增补了一些难度更高的章节，以激励学生更深入地思考和研究。

　　在这期间，肖老师辞世，我真后悔自己没有将更多的时间和精力投入到这件事情上，也时常责怪自己的怠惰，没能尽早地将讲义书稿编写完成呈给肖老师看一看。希望这迟来的书也能告慰逝者，致谢恩师。

另外，我要感谢所有参加过这门课程学习的我的学生们，因为人数太多，非常抱歉不能在这里一一列出他们的姓名。感谢他们为制作讲义付出的努力，感谢他们提出的各种问题和建议，感谢他们求知的眼神，让我能够坚持至今而仍感幸福。

陈　原

2021 年 6 月于西安

目　　录

绪论　计算复杂性理论简介 ·· 1

0.1　计算复杂性理论的首要问题 ···································· 1

0.2　计算复杂性理论与算法理论的区别 ······························ 1

0.3　计算理论及其组成 ·· 1

0.4　计算复杂性理论与密码学的关系 ································ 2

第1章　计算模型——Turing 机 ····································· 3

1.1　常用术语和记号 ·· 3

1.2　Turing 机 ·· 4

1.2.1　Turing 机的基本模型 ·································· 4

1.2.2　TM 的形式化定义 ···································· 5

1.2.3　TM 的格局 ·· 5

1.2.4　TM 举例 ·· 6

1.2.5　描述 TM 的不同方式 ·································· 7

1.3　TM 的稳健性 ··· 8

1.4　Church – Turing 命题 ·· 9

1.5　非确定性 TM ··· 10

1.6　通用 TM ··· 12

习题 ·· 12

第2章　计算任务与复杂性 ··· 13

2.1　关心的计算任务：判定语言 ···································· 13

2.2　复杂性的度量 ··· 14

2.2.1　大 O 小 o 记号 ···································· 15

2.2.2　时间/空间复杂性的定义 ································ 15

2.2.3　两个事实 ·· 17

2.2.4　采用大 O 记号的合理性——带压缩定理和线性加速定理 ··· 17

2.2.5　带数目的减少对时间复杂度和空间复杂度的影响 ·········· 19

2.2.6　DTM 与 NDTM 的时间复杂性关系 ······················ 20

2.3　复杂性类 ··· 20

2.3.1　复杂性类的概念 ···································· 20

2.3.2　TIME 和 SPACE 之间的平凡（trivial）关系 ············· 21

习题 ·· 21

第3章　P 与 NP ·· 23

3.1　P 类 ·· 23

3.1.1　P 的定义 ·· 23

3.1.2　P 的重要性 ··· 23

3.1.3　P 中的问题 ‥‥‥‥‥‥‥‥‥‥‥‥‥‥‥‥‥‥‥‥‥‥‥‥‥ 24

3.2　NP 类 ‥‥‥‥‥‥‥‥‥‥‥‥‥‥‥‥‥‥‥‥‥‥‥‥‥‥‥‥‥‥‥‥ 25

3.2.1　NP 的定义 ‥‥‥‥‥‥‥‥‥‥‥‥‥‥‥‥‥‥‥‥‥‥‥‥‥‥ 25

3.2.2　NP 中的问题 ‥‥‥‥‥‥‥‥‥‥‥‥‥‥‥‥‥‥‥‥‥‥‥‥ 26

3.2.3　世纪难题 $P \overset{?}{=} NP$ ‥‥‥‥‥‥‥‥‥‥‥‥‥‥‥‥‥‥‥‥ 27

3.2.4　NP 的等价定义 ‥‥‥‥‥‥‥‥‥‥‥‥‥‥‥‥‥‥‥‥‥‥ 28

3.3　co-NP 与 co-NP $\overset{?}{=}$ NP ‥‥‥‥‥‥‥‥‥‥‥‥‥‥‥‥‥‥‥ 29

习题 ‥‥‥‥‥‥‥‥‥‥‥‥‥‥‥‥‥‥‥‥‥‥‥‥‥‥‥‥‥‥‥‥‥‥‥‥ 31

第 4 章　归约与 NP 完全性 ‥‥‥‥‥‥‥‥‥‥‥‥‥‥‥‥‥‥‥‥‥ 32

4.1　历史背景 ‥‥‥‥‥‥‥‥‥‥‥‥‥‥‥‥‥‥‥‥‥‥‥‥‥‥‥‥ 32

4.2　归约 ‥‥‥‥‥‥‥‥‥‥‥‥‥‥‥‥‥‥‥‥‥‥‥‥‥‥‥‥‥‥‥ 32

4.2.1　Cook 归约 ‥‥‥‥‥‥‥‥‥‥‥‥‥‥‥‥‥‥‥‥‥‥‥‥‥ 32

4.2.2　Karp 归约 ‥‥‥‥‥‥‥‥‥‥‥‥‥‥‥‥‥‥‥‥‥‥‥‥‥ 33

4.2.3　Levin 归约 ‥‥‥‥‥‥‥‥‥‥‥‥‥‥‥‥‥‥‥‥‥‥‥‥‥ 34

4.3　NP 完全性 ‥‥‥‥‥‥‥‥‥‥‥‥‥‥‥‥‥‥‥‥‥‥‥‥‥‥‥ 35

4.4　Cook-Levin 定理 ‥‥‥‥‥‥‥‥‥‥‥‥‥‥‥‥‥‥‥‥‥‥‥ 36

4.5　更多 NP 完全问题 ‥‥‥‥‥‥‥‥‥‥‥‥‥‥‥‥‥‥‥‥‥‥ 40

4.6　其他 NPC 问题 ‥‥‥‥‥‥‥‥‥‥‥‥‥‥‥‥‥‥‥‥‥‥‥‥ 43

习题 ‥‥‥‥‥‥‥‥‥‥‥‥‥‥‥‥‥‥‥‥‥‥‥‥‥‥‥‥‥‥‥‥‥‥‥‥ 44

第 5 章　关于 P 和 NP 的更多知识 ‥‥‥‥‥‥‥‥‥‥‥‥‥‥‥ 46

5.1　查找与判定：NPC 问题的自归约特性 ‥‥‥‥‥‥‥‥‥‥‥ 46

5.1.1　SAT 的自归约特性 ‥‥‥‥‥‥‥‥‥‥‥‥‥‥‥‥‥‥‥ 46

5.1.2　CLIQUE 的自归约特性 ‥‥‥‥‥‥‥‥‥‥‥‥‥‥‥‥ 47

5.1.3　NPC 问题都满足自归约特性 ‥‥‥‥‥‥‥‥‥‥‥‥‥ 48

5.2　NPI 语言 ‥‥‥‥‥‥‥‥‥‥‥‥‥‥‥‥‥‥‥‥‥‥‥‥‥‥‥ 49

5.3　P vs NP ‥‥‥‥‥‥‥‥‥‥‥‥‥‥‥‥‥‥‥‥‥‥‥‥‥‥‥‥ 50

5.3.1　哈密尔顿回路 vs 欧拉回路 ‥‥‥‥‥‥‥‥‥‥‥‥‥ 50

5.3.2　三色 vs 四色 ‥‥‥‥‥‥‥‥‥‥‥‥‥‥‥‥‥‥‥‥‥ 51

5.3.3　3SAT vs 2SAT ‥‥‥‥‥‥‥‥‥‥‥‥‥‥‥‥‥‥‥‥‥ 51

5.4　Oracle TM——相对化 ‥‥‥‥‥‥‥‥‥‥‥‥‥‥‥‥‥‥‥ 54

习题 ‥‥‥‥‥‥‥‥‥‥‥‥‥‥‥‥‥‥‥‥‥‥‥‥‥‥‥‥‥‥‥‥‥‥‥‥ 56

第 6 章　对角化方法 ‥‥‥‥‥‥‥‥‥‥‥‥‥‥‥‥‥‥‥‥‥‥‥ 57

6.1　对角化方法与不可判定问题的存在性 ‥‥‥‥‥‥‥‥‥‥‥ 57

6.1.1　可数集与对角化方法 ‥‥‥‥‥‥‥‥‥‥‥‥‥‥‥‥‥ 57

6.1.2　不可判定问题的存在性 ‥‥‥‥‥‥‥‥‥‥‥‥‥‥‥‥ 58

6.1.3　停机问题不可判定 ‥‥‥‥‥‥‥‥‥‥‥‥‥‥‥‥‥‥ 60

6.2　分层定理 ‥‥‥‥‥‥‥‥‥‥‥‥‥‥‥‥‥‥‥‥‥‥‥‥‥‥‥ 62

6.2.1　空间、时间可构造函数 ‥‥‥‥‥‥‥‥‥‥‥‥‥‥‥‥ 62

6.2.2　分层定理 ‥‥‥‥‥‥‥‥‥‥‥‥‥‥‥‥‥‥‥‥‥‥‥ 63

6.2.3*　非确定性时间分层定理 ‥‥‥‥‥‥‥‥‥‥‥‥‥‥‥ 66

6.3　定理 A 的证明 ‥‥‥‥‥‥‥‥‥‥‥‥‥‥‥‥‥‥‥‥‥‥‥ 67

6.4*　Ladner 定理的证明 ‥‥‥‥‥‥‥‥‥‥‥‥‥‥‥‥‥‥‥‥ 69

6.5 复杂性理论常用证明方法总结 ·· 70

习题 ·· 70

第7章 空间复杂性 ··· 72

7.1 PSPACE 类 ··· 72

   7.1.1 Savitch 定理 ·· 72

   7.1.2 PSPACE 完全性 ··· 74

   7.1.3 定理 B 的证明 ··· 76

7.2 L 和 NL 类 ··· 77

   7.2.1 空间有界的 TM ··· 77

   7.2.2 L 和 NL ·· 78

   7.2.3 NL 完全性 ··· 80

   7.2.4 NL＝co-NL ·· 83

习题 ·· 85

第8章 随机化算法与随机化复杂性类 ·· 87

8.1 随机化算法实例 ··· 87

   8.1.1 通信复杂性 ·· 87

   8.1.2 多项式恒等测试 ·· 89

8.2 概率图灵机 ·· 91

8.3 随机化复杂性类 ··· 92

   8.3.1 单边错复杂性类：RP 和 co-RP ·· 92

   8.3.2 双边错复杂性类：BPP ··· 94

   8.3.3 零边错复杂性类：ZPP ·· 96

   8.3.4 PP ·· 97

8.4 随机化复杂性类与其他复杂性类之间的关系 ·· 99

8.5 素数问题 PRIME ··· 101

   8.5.1 PRIME∈NP ·· 102

   8.5.2 PRIME∈co-RP ··· 104

   8.5.3 PRIME∈P ·· 105

习题 ·· 106

第9章 密码学与复杂性理论 ··· 107

9.1 单向函数 ·· 107

9.2 伪随机发生器 ··· 109

9.3 信息论安全与计算安全 ·· 110

第10章 电路复杂性 ··· 111

10.1 布尔电路 ·· 111

10.2 电路复杂性与 P/poly 复杂性类 ··· 113

10.3 P/poly 复杂性类 ·· 115

10.4 一致布尔电路 ·· 117

10.5 并行计算与 Nick 复杂性类 ·· 118

10.6 BPP⊆P/poly ··· 120

习题 ·· 121

第 11 章　多项式分层 ·· 123

11.1　定义与实例 ·· 123

11.2　PH 的内部结构 ·· 124

11.3　交错式 TM 与 PH 的等价定义 ··· 125

11.4　PH 坍塌 ·· 127

习题 ·· 129

第 12 章　交互式证明 ·· 130

12.1　IP ·· 131

12.2　公开/保密的随机性 ·· 133

12.3　IP＝PSPACE ··· 135

12.4　零知识证明 ··· 141

12.5　概率可验证明（PCP） ·· 143

参考文献 ··· 145

绪论 计算复杂性理论简介

0.1 计算复杂性理论的首要问题

计算复杂性理论的首要问题就是 $P\overset{?}{=}NP$，它是七大世纪难题之一。简单地说，就是穷举是否可以避免。很多问题都可以通过穷举的方式进行求解，但是穷举需要付出很大的代价，所以我们希望能够找到更有效的求解方法。那么，对于这些问题是否一定都能找到更有效的方法呢？计算复杂性理论就是为了探索这个问题而建立起来的计算科学理论。

0.2 计算复杂性理论与算法理论的区别

虽然都关心求解一个问题的复杂性，但是算法理论和计算复杂性理论关注的目标不同。

算法理论的研究目标是寻找求解某个问题的最佳算法。这里最佳是指计算耗费的资源最少。资源一般是指时间、空间，但也可能是并行性、使用的随机性等更高级的资源。这样，算法理论事实上是通过寻找最佳算法而获得求解某个问题所需资源的上界。

有的问题容易计算，有的问题难计算。例如：排序是一个容易计算的问题，按升序排列一张数字表，即使只有一台小型计算机也能迅速处理；制定一张最优课程表，将全校师生安排在一个教学楼上课，并要求时间、教室不冲突，是一个难计算的问题。

复杂性理论关心的就是什么使得一个问题困难，这主要通过研究在限定资源下什么问题可解，什么问题不可解来回答，在合理的资源限定下不可解的问题即是困难的。由此，得到这个问题至少需要多少资源才能求解。所以复杂性理论更关心的是求解一个问题所需资源的下界。

因为复杂性理论得出的结论通常是证明了某个问题不可能(更)有效地求解，这是坏消息，所以最初并不受欢迎。但是，像密码学这样的学科恰好需要困难问题，因为在没有密钥的情况下解密必须是困难的，复杂性理论的结果将为寻找设计密码学方案或协议所需的困难问题指明方向。另一方面，虽然带来的是坏消息，但也有重要的意义，因为如果坏消息中的问题来自实际，那么我们也必须面对，或者放弃求解，或者降低解的质量，也就是寻找近似解。

0.3 计算理论及其组成

在上述对算法理论和计算复杂性理论的陈述中，使用了"问题""算法"概念，那么这里的"问题""算法"指的是什么呢？

问题有很多种，求解方程是问题，两个人的感情问题也可以是问题，各种社会问题同样是问题。但这里的"问题"必须是计算问题，即适合计算机处理的、没有歧义的、不会模棱两可的问题，譬如英汉互译就不是计算问题。

"算法"这个概念我们经常使用，但是我们真正知道什么是算法吗？算法的概念最早要追溯到 1900 年的数学家大会，当时著名的数学家 Hilbert 提出了著名的 23 个问题，其中第 10 个问题是"整系数多项式是否存在整数解，是否存在一种机械的、有限多次的计算方法求解？"这个问题前半部分就是著名的丢番图问题，而后半部分"机械的、有限多次的计算方法"就是对算法的首次定义。

对"问题"和"算法"我们似乎有了一定的认识，不过这些定义中都使用了"计算"这个概念。什么又是"计算"呢？或者怎样的计算才叫"计算"呢？这是计算理论的首要问题。我们必须给出对"计算"的明确的数学定义，即形式化定义。"形式化"这个词对有些人来说可能是陌生的，事实上所有"数学的"都是形式化的，"形式化"有时还特别强调"符号化"，即用符号化的语言对某个概念给出精确的数学定义。这里对"计算"的形式化定义就是各种计算模型，如 Turing 机（图灵机）、λ 算术、胞元自动机等，其中 Turing 机模型最简单直观，所以我们采用 Turing 机模型。

下面简单介绍计算理论的组成，以方便大家了解复杂性理论在其中的作用和地位。计算理论主要由以下三部分构成：

自动机理论，研究计算的数学模型，主要应用于编译程序、程序设计语言等。

可计算性理论，研究什么问题是可计算的，什么问题是不可计算的。兴起于 20 世纪 30 年代，到了 50 年代基本完善。可计算性理论非常"优美"，证明了不可计算问题的存在性。上文提及的丢番图问题就已被证明是不可解的。

可计算性理论的研究还有一个非常好的副产品，就是证明了各种计算模型的等价性。由此，计算不再依赖于模型，无论采用哪种模型进行计算都是计算，无论用哪种模型讨论计算问题，本质都没有区别。在众多计算模型中，Turing 机因简洁、直观、稳健而被广泛采纳。由此，计算即是由 Turing 机计算，可计算即是可由 Turing 机计算，而算法就是 Turing 机算法。

计算复杂性理论，研究目标转换为什么问题易解，什么问题难解。计算复杂性理论起源于"组合爆炸"问题，即某些问题似乎只能穷举求解，那么"穷举是否可以避免"呢？

0.4　计算复杂性理论与密码学的关系

一方面，如前所述，密码学需要困难问题，计算复杂性理论为寻找困难问题指出了方向。但是它们之间的联系远非如此简单。事实上有人也把现代密码学称为复杂性理论密码学，计算复杂性理论中的术语可以帮助我们形式化密码学方案的设计究竟需要怎样的原型工具，形式化安全性到底意味着什么。

另一方面，密码学之于计算复杂性理论也有重要贡献，特别是有助于我们理解随机性意味着什么。利用随机性求解很多实际问题已经被证明是行之有效的手段，但是随机性是否必要呢？密码学中有关伪随机发生器的概念将帮助我们回答这个问题。

第 1 章　计算模型——Turing 机

1.1　常用术语和记号

在计算一个问题时，通常需要给出一个具体的实例作为输入，这个输入将以符号行的形式出现，也就是说，我们采用的基本的数据结构是符号行。

符号行是符号的有限长序列，也称为字符串或者字（word），通常用 w 或 x 来表示。如 complexity 是英文字母构成的一个符号行，007 是阿拉伯数字构成的一个符号行。

符号是不能定义的，只能预先给定，且只能有有限个。譬如，英文字母表中的 a，b，c，…，z，阿拉伯数字 0，1，2，…，9，它们是不能定义的。

所有符号构成的集合称为**字母表**，通常用 Σ 表示。因为符号只能有有限个，所以字母表是有限集。但是，并非所有的有限集都可以作为字母表。事实上，有限集 Σ 要作为字母表，必须满足条件：Σ 上的两个符号行相等，当且仅当这两个符号行中的符号个数相同且对应位置上的符号完全相同。

按照这一条件，考虑以下几个有限集是否可以作为字母表：

(1) $\{0,1\}$；

(2) $\{00,01\}$；

(3) $\{1,11\}$；

(4) $\{1\}$。

显然，(1)、(2)、(4)可以作为字母表，但(3)不可以。因为(3)中的"11"这个字符串既可以理解为两个"1"，也可以理解为一个"11"。

符号行的长度是符号行中符号的个数，用 $|w|$ 表示。例如，$|\text{complexity}|=10$，$|007|=3$。允许符号行的长度为 0，长度为 0 的符号行我们称为空串，记作 ε 或 ϕ。

另外，此处强调一下 $\{1\}$ 作为字母表的特殊性。此时，符号行具有 $11\cdots1$ 的形式，要表示数字 n 则需一个 n 长的全 1 串，我们把这个串称为 n 的一元表示，记为 1^n。通常一元表示强调长度的概念，因为 1^n 的长度就是 n。相对而言，如果采用字母表 $\{0,1\}$ 表示数字，则称为二元表示，n 的二元表示的长度不再是 n，而是约为 $\log n$。

字母表上某些符号行构成的集合称为**语言**，通常用 L 表示。

集合的大小就是集合中元素的个数。假设 S 是一个集合，那么其大小我们记作 $|S|$。

对符号行，我们定义一个基本的运算：**并接**。符号行 a 和 b 的并接就是简单地将 b 串接在 a 的后面，简记为 ab。例如，$a=010$，$b=111$，$ab=010111$。字母表 Σ 上的所有符号行在并接运算下构成一个半群。这是因为并接运算满足结合律 $a(bc)=(ab)c$，并且有幺元 ϕ，因为 $a\phi=\phi a=a$。

为表示 Σ 上的所有符号行，我们定义以下记号：

$\Sigma^0=\{\phi\}$，是 Σ 上所有 0 长字符串构成的集合。

$\Sigma^1=\{a|a\in\Sigma\}$，是 Σ 上所有 1 长字符串构成的集合。

$\Sigma^2=\{ab|a\in\Sigma,b\in\Sigma\}$，是 Σ 上所有 2 长字符串构成的集合。

……

Σ^n 是 Σ 上所有 n 长字符串构成的集合。

……

这样，Σ 上的所有有限长符号行构成的集合就是 $\bigcup_{i=0}^{\infty}\Sigma^i$，记作 Σ^*。譬如，$\{0,1\}^*$ 就是所有有限长 0-1 比特串构成的集合。

1.2　Turing 机

Turing 机是 Alan Turing 于 1936 年提出的一种计算模型。Turing 是一位颇富传奇色彩的悲剧人物，他因为在二战期间对破译德国的"Enigma"密码有突出贡献而名噪一时，有一部老电影《密码迷情》就是根据相关故事改编的。据说，Turing 不善与人交流，有同性恋倾向，因不堪忍受英国政府的强制用药而自杀，自杀时年仅 42 岁。他自杀时吃了一口涂有氰化物的苹果，现今的苹果机采用被吃了一口的苹果符号作为标志据说就是为了纪念 Turing。

Turing 被冠以计算机理论之父和人工智能之父的称号。前者由 Von Neuman 亲自冠之，因为他的现代计算机原型即取自 Turing 机，而且 Turing 根据自己的 Turing 机模型证明了计算是有极限的，即存在不可计算的问题。后者则是因为 Turing 在 1950 年发表了论文《机器能思考吗？》，文中提出了确定一个机器是否有智能的著名测试——Turing 测试，从而奠定了人工智能的基础。

当今计算机科学最高奖项 ACM Turing 奖就是对这位天才数学家的最好纪念。密码、编码领域也有很多著名的科学家获得过此殊荣，如 Rabin、RSA 公钥加密的三位设计者、姚期智（Yao Andrew）、Hamming 等。

下面我们就来看看 Turing 的计算模型——Turing 机。

1.2.1　Turing 机的基本模型

Turing 机从直观上模拟了我们人类的计算和存储方式：有限的头脑、无限多的草稿纸，头脑通过控制指向草稿纸的笔来完成计算。由此，Turing 机有一个有限的控制单元，称为控制器，和一个无限的存储单元，称为存储带（tape），如图 1.1 所示。

控制器只能有有限种可能的状态。存储带有最左端，无最右端，左端象征着草稿纸开始的地方。存储带被划分为一个个的小方格（cell），每个方格内只能存放一个符号，称为带上符号，如图 1.1 中的 x_i。存储带上没有内容的地方由空格符"␣"填充。控制器有一个带头（head）指向存储带，这象征着我们计算时手中的笔，带头可读可写，所以称为读写头。带头每个时刻只能扫描存储带上的一个方格。一旦带头扫描到"␣"，就认为右端再无符号。

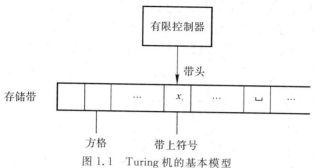

图 1.1 Turing 机的基本模型

Turing 机通过读取并改写带上符号、左右移动和改变状态来完成计算任务，但每次带头只能移动一格。稍后将以具体的实例来说明 Turing 机的工作机制，这里首先给出 Turing 机(以后简记为 TM)的形式化定义和相关的一些术语。

1.2.2 TM 的形式化定义

所谓形式化，即指数学化、精确化，这里还强调符号化。

TM 的形式化定义由以下 7 部分构成：

(1) 状态集 Q：控制器可能的所有状态。

(2) 输入字母表 Σ：输入符号串的符号取自该字母表。

(3) 带上字母表 Γ：所有带上可以使用的字符集。特别地，空格符"␣"$\in \Gamma$，所以 $\Sigma \subset \Gamma$。

(4) 状态转移函数 $\delta: Q \times \Gamma \to Q \times \Gamma \times \{L, R\}$：该函数定义 TM 的动作规则，其中 L 表示左移一格，R 表示右移一格。譬如 $\delta(q, a) = (q', a', d)$，$d \in \{L, R\}$，表明当 TM 处于 q 这个状态时，如果读到的符号是 a，则将 a 改写为 a'，控制器的状态改变为 q'，并且带头向 d 所指明的方向移动一格。δ 将指明在各种可能状态下，读写头读到某个符号时，TM 做何动作。像 $\delta(q, a) = (q', a', d)$ 这样的转移规则也可以记作 $(q, a) \to (q', a', d)$。状态转移函数就由一系列这样的状态转移规则构成，这些规则可以表示成状态转移图或表的形式。

(5) 初始状态 q_0。

(6) 接受状态 q_{accept}。

(7) 拒绝状态 q_{reject}。

q_{accept} 和 q_{reject} 是两个特殊的停机状态，TM 一旦进入 q_{accept} 或 q_{reject} 状态就**停机**(halt)。如果 TM 始终不能进入停机状态，则称 TM 进入**死循环**(loop)。死循环可能是简单的重复，也可能很复杂。

每个 TM M 可以表示为 $M = (Q, \Sigma, \Gamma, \delta, q_0, q_{accept}, q_{reject})$ 这样的 7 元组。因为状态转移函数 δ 定义了计算的规则，一旦这 7 元组完全确定(从而 δ 确定)，M 会做什么样的计算就完全确定，所以 TM 对应的是算法的概念，一个 TM 就是一个算法。

1.2.3 TM 的格局

为表明某个时刻 TM 处于什么样的状况，这里引入**格局**(configuration)的概念。格局如同对正在进行计算的 TM 做一个**快照**（snapshot），所以必须能够指明 TM 当前所处的状态，存储带上每个方格内的内容，以及带头所处的位置。

以 TM 在初始时刻为例，假设输入是 w，它的长度为 n，即 $w=w_1 w_2 \cdots w_n$，因为 TM 处于初始状态，所以此时 TM 的快照如图 1.2 所示，格局可以表示为 $q_0 w_1 \cdots w_n$ 这样的符号串。

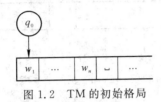

图 1.2　TM 的初始格局

如果 TM 的快照如图 1.3 所示，其格局也可以简单地表示为 $0101 q_i 1 \cdots 10$，即：将状态放在带头目前所指向的符号的前面。

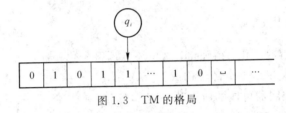

图 1.3　TM 的格局

格局通常用 c 表示。如果 TM M 从格局 c_1 合法地（即按照状态转移规则）一步转移为格局 c_2，则称格局 c_1 **产生**（yield）c_2，记作 $c_1 \vdash c_2$。

输入 w，TM M 从初始格局一步步产生其他格局。如果最终进入 q_{accept} 状态，则称 M 接受 w；如果 M 最终进入 q_{reject} 状态，则称 M 拒绝 w。

1.2.4　TM 举例

例 1.1　设计一个 TM 接受所有的 $a^n b^n$，$n \geqslant 1$。

这里要设计一个 TM，当输入一个字符串，前面是一串 a，后面是一串 b，并且 a 的个数和 b 的个数相同时，这个 TM 就接受，否则拒绝。

为了简化问题，不妨假设输入的串都具有前面一串 a 后面一串 b 的正确格式，我们需要做的只是检查 a 的个数与 b 的个数是否相同。这个问题比较简单，有很多种方法实现，譬如"配对删除"。顾名思义，左边找一个 a，右边找一个 b，配成一对，进行删除，重复该过程，最后，如果配对成功，则接受，否则拒绝。

这个算法在 TM 上具体如何实现呢？首先，如何表示删除一个符号？我们不能直接将其修改为"␣"，因为 TM 读到"␣"会默认后面再无符号。可以引入一个中间变量 x 来表示删除的 a，引入 y 表示删除的 b，这样上述算法可以表述为下述过程：

首先用 x 替换最左端的 a，再用 y 替换最左端的 b，然后带头左移直至最右端的 x，再右移一格找到下一个 a，重复上述过程，直到：

（1）向右找 b 时，已无 b，即找到的是"␣"，就拒绝，因为此时 a 的个数大于 b 的个数。

（2）找到最右端的 x 后右移没有找到 a，即找到的是 y，说明再无 a，只需检查右端是

否还有 b。如果还有 b，则 b 的个数大于 a 的个数，就拒绝；如果没有 b，即找到了"⎵"，则说明 a 的个数等于 b 的个数，就接受。

　　具体到 TM 的形式化表述，现在 $\Sigma=\{a,b\}$，$\Gamma=\{a,b,x,y,⎵\}$，而状态转移函数可以表示成图的形式，如图 1.4 所示，这种表示状态转移函数的方式叫做状态转移图。带箭头的线表示状态的转移，线上或线旁的符号表示此时需要进行的改写和左右移的方向，如"$a\rightarrow x$，R"表示将 a 改写为 x，并且带头右移一格。

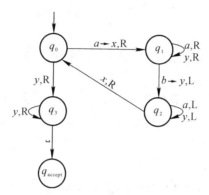

图 1.4　状态转移图

　　一般在状态转移图中不标出拒绝状态，只要图中没有标识的情况都一步转移到拒绝状态，譬如一开始在 q_0 状态读到符号 b 就直接拒绝等。

　　状态转移函数也可以用表的形式描述，譬如上述 TM 的状态转移表如图 1.5 所示。

状态	a	b	x	y	⎵
q_0	(q_1,x,R)	q_{reject}	q_{reject}	(q_3,R)	q_{reject}
q_1	(q_1,R)	(q_2,y,L)	q_{reject}	(q_1,R)	q_{reject}
q_2	(q_2,L)	q_{reject}	(q_0,R)	(q_2,L)	q_{reject}
q_3	q_{reject}	q_{reject}	q_{reject}	q_{reject}	q_{reject}
q_{accept}	—	—	—	—	—
q_{reject}	—	—	—	—	—

图 1.5　状态转移表

　　下面以输入 $aabb$ 为例，检查上述 TM 是否最终正确地进入接受状态。以格局一步步产生的形式，上述 TM 的计算过程可以写作：

$$q_0aabb\vdash xq_1abb\vdash xaq_1bb\vdash xq_2ayb\vdash q_2xayb\vdash xq_0ayb\vdash xxq_1yb\vdash$$
$$xxyq_1b\vdash xxq_2yy\vdash xq_2xyy\vdash xxq_0yy\vdash xxyq_3y\vdash xxyyq_3⎵\vdash xxyyq_{\text{accept}}$$

确实最终会进入接受状态并且停机。

　　上面我们假设输入字符串格式正确。事实上，检查上述算法就会发现，这并非必须，譬如输入 $abab$，请验证该 TM 一定会拒绝。

1.2.5　描述 TM 的不同方式

　　以上涉及对某个 TM 的三种不同描述方式："配对删除"是其**算法描述**，后面又描述了配对删除在 TM 上的具体实现，改写方法，带头移动等，这叫作 TM 的**实现描述**，最后给出了 TM 的状态转移图，**即形式化描述**。相对而言，算法描述和实现描述是 TM 的高层描述，而状态转移图就是 TM 的底层描述。

从上面这个简单的例子我们已经看到底层描述比较繁琐，当计算任务稍微复杂时，这种描述将变得异常繁琐和困难。因此我们后面主要采用算法的高层描述，至多关心到实现描述这一层。对底层描述感兴趣的同学可以进一步思考如何识别语言 $\{ww^{-1}\}$，即回文，或者由 TM 如何进行简单的加减乘除运算等。更多实例可参见参考文献[1]。

1.3　TM 的稳健性

TM 的模型中只有唯一的一条存储带，并且有最左端无最右端，只能有一个带头，带头每次移动一格，或左或右。那么可不可以有多条存储带呢？为什么有最左端无最右端？可不可以两端都无限？带头每次都必须左移或右移吗？可不可以改写后停留在原处？每条存储带上可不可以有多个带头？

我们将要说明 TM 的模型是**稳健**(robust)的，不会因为这些变形而产生质的改变，也就是说，各种合理的 TM 模型都与单带机模型等价。此处，"合理"可以包括譬如每一步只能进行有限的计算、存储无限、对存储带的访问无限制等；"等价"是指各种 TM 变形可以做的计算，单带 TM 都可以做。

下面我们以多带机为例，来说明它与单带机的等价性。

多带机有多条存储带，譬如 k 条(k 是常数)。每条存储带称为子带，通常情况下，输入字符串放在第一条存储带上，所以第一条存储带也称为输入带。控制器有带头指向每个子带，并且允许 k 条存储带同时读写。因为现在控制器必须知道各个带头下的符号才能决定做何操作，所以多带机的状态转移规则有所不同，形为

$$(q,a_1,a_2,\cdots,a_k)\rightarrow(q',a_1',a_2',\cdots,a_k',d_1,\cdots,d_k)$$

多条存储带能同时读写对计算一个问题可能有帮助。譬如，用双带机实现上一节中的"配对删除"任务非常方便，只要将读到的 a 写在第二条存储带上，然后读到一个 b 便删除一个 a 即可，不再需要反复移动。

多条存储带可能改善计算，但对计算更多的任务并没有帮助，下面将证明多带机可以做的计算单带机也可以完成。证明将基于"模拟(simulation)"的思想。"模拟"类似于模仿，简单地说，就是我看着你做，你做什么我就做什么，以此证明你能做的我都能做。需要注意的是，模拟可以是简单的，也可以是复杂的，譬如，你做简单动作，我很容易模仿，如果你做复杂动作，我可能需要借助一些方法才能正确模仿。关于这一点，大家可以慢慢体会。基于模拟的证明我们后面还要多次用到。

定理 1.1　任何一个多带 TM 都等价于某个单带 TM。

此处"等价"是指对任何输入，它们的最终计算结果都相同。

证明　假设 M 有 k 条存储带，S 有 1 条存储带，S 要将 M 的 k 条存储带上的信息放在它唯一的存储带上，并模拟 M 的 k 条存储带效果。为此，引入定界符"#"分开不同存储带上的内容，引入带点字符表示各子带上带头所在的位置，称之为虚拟读写头。

譬如，假设 M 是图 1.6 所示的 3 带机，那么，模拟 M 的 S 就如图 1.7 所示。

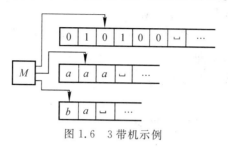

图 1.6　3 带机示例

图 1.7　模拟 3 带机的单带机

假设输入是 $w = w_1 w_2 \cdots w_n$，为了模拟 M，S 需要首先形成正确的输入格式，如图 1.8 所示。

图 1.8　S 的初始化

之后，为了模拟 M 的一步，S 需要做以下操作：

(1) 从左至右扫描一遍（从第一个"♯"扫描到最后一个"♯"），确认虚拟读写头下的符号，这样才能知道 M 会做怎样的转移。

(2) 再从左至右扫描一遍，按照 M 的状态转移规则进行相应的改写。需要注意的是，在改写过程中，一旦 S 的虚拟读写头移到了"♯"上，那么一定是 M 对应子带上读到了"␣"，此时需要插入"␣"，并将右端内容全部右移一格，然后再继续改写。

最终，因为 S 完全按照 M 的动作而动作，所以 S 在输入 w 上的计算结果必然与 M 相同。　　　　　　　　　　　　　　　　　　　　　　　　　　　　　　　　□

注：模拟过程的底层描述要根据 M 的状态转移函数设计 S 的状态转移函数，这显然需要引入一些新的状态，非常繁琐，这样做反倒模糊了算法的本质，所以我们再次强调使用高层描述的好处。

习题中我们会讨论其他几种与单带 TM 等价的模型。

1.4　Church – Turing 命题

1936 年，Alan Turing 提出了 TM 计算模型，而 Alonzo Church 也提出了另一种计算模型——λ 算术，它已被证明与 TM 等价。由此，人们给出这样一个命题：

Church – Turing **命题**：所有可以计算的，都可以由 TM 计算（Anything that can be computed，can be computed by a Turing machine）。

注意这只是一个命题，并不是定理，因为前一个"计算"是直觉上的计算，没有数学定义。这样，直觉上的算法就等价于 TM 算法。

到目前为止，人们提出和研究过的各种计算模型都印证了这个命题，这些模型还包括门数组，胞元自动机，随机访问机（RAM）等。TM 模型因为简单直观，用它描述和研究计算理论相关问题相对方便，所以使用广泛。

注： 尽管各种计算模型等价，但完成同一个计算任务需要付出的代价未必相同，譬如对于 RAM 来说，可以一步读到任意单元的内容，而 TM 则可能需要若干步。

1.5　非确定性 TM

上面介绍的 TM 是确定性的，即它的状态转移函数是一对一的：$(q,a) \to (q',a',d)$，只有一种可能的转移。如果允许状态转移函数一对多呢？即

$$(q,a) \to \begin{cases} (q_1',a_1',d_1) \\ (q_2',a_2',d_2) \\ \vdots \\ (q_k',a_k',d_k) \end{cases}$$

对这样的转移规则可以有两种看法：

（1）非确定性地选择下一步，这样因为选择不同而导致结果不同，有的可能接受，有的可能拒绝，有的可能进入死循环，那么最终 TM 算是接受还是拒绝呢？所以我们必须定义一个接受的规则。

（2）所有的转移并行进行，这样也需要定义最终的接受规则。

无论看作哪一种，此时的计算过程都可以看作一棵计算树，如图 1.9 所示。

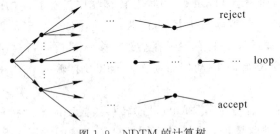

图 1.9　NDTM 的计算树

图 1.9 中的每一个节点都是 TM 的一个格局，箭头表示格局的产生，每个节点有多个可能的子节点，对应可能的不同转移。

接受的规则定义为：对于输入 w，只要有一条计算分支最终接受就接受。这样的 TM 称为非确定性（nondeterministic）TM，简记为 NDTM。今后我们用 DTM 表示确定性 TM，如不特殊强调，TM 也只指确定性 TM。

相对于 NDTM，DTM 的计算只有一条计算路，如图 1.10 所示。

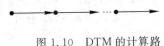

图 1.10　DTM 的计算路

NDTM 是一种理想化模型，因为所有的转移并行进行，那么任何一个时刻给 NDTM 一个快照，究竟对应哪一个格局呢？所以说 NDTM 是非物理的，没有现实的计算可以与之对应。因此，应特别注意非确定性计算与真实并行计算的区别。

既然 NDTM 是理想化模型，那么为什么要考虑呢？这是因为 NDTM 的计算是计算树，因此可能可以轻易地进行 DTM 需要指数级资源才能进行的计算。譬如为了判定一个数是否有因子，DTM 可能需要穷举所有可能的因子进行试除，而 NDTM 只需非确定性地猜测一个因子进行试除即可。类似算法我们后面还会看到很多。

非确定性是一种非常强大的功能，在限制同样多的资源情况下，NDTM 可以做的事情更多。但是，如果没有真实的计算可以与之对应，我们考虑它还有意义吗？事实上，即使允许使用非确定性，也不会对"计算"这个概念产生影响，即它与 DTM 是等价的。

定理 1.2　每个 NDTM 都等价于某个 DTM。

证明　只要证明可以用 DTM 模拟 NDTM，即用 DTM 模拟 NDTM 的计算树即可。DTM D 需要遍历 NDTM N 的所有计算分支，搜索到接受分支则接受。

遍历树的算法一般有深度优先和宽度优先两种策略，这里应该采用哪种呢？

如果采用深度优先策略，D 从第一条分支开始逐分支地模拟 N 的计算，则可能在找到接受格局前碰到 loop 分支，从而 D 也 loop。因此这里应采用宽度优先策略，先搜索一个深度内的所有分支，再搜索下一个深度内的所有分支，这样可以保证如果有接受分支一定会搜索到。

下面给出用 3 条存储带模拟 NDTM 的方法，由定理 1.1，三带机等价于单带机，这样我们就完成了证明。

D 的 3 条存储带如图 1.11 所示，第一条存储带只包含输入符号行，且不再改变；第二条存储带存放 N 的带上内容，并对应 N 的某个非确定性计算分支；第三条存储带记录 D 在 N 的非确定性计算树中的位置。

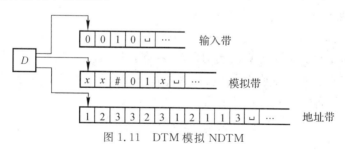

图 1.11　DTM 模拟 NDTM

首先考虑第三条存储带上表示的数据。假设 N 的计算树上每个节点至多有 b 个子节点，那么每个节点可以对应字母表 $\Sigma = \{1, 2, \cdots, b\}$ 上的一个串，即该节点的地址信息。该地址信息告诉 D 在模拟 N 的非确定性计算时应该做什么。如果某个地址对应的分支在 N 输入 w 时的计算树上不存在，则称地址无效。

D 的描述如下：

(1) 开始时，第一条存储带上是输入 w，第二条和第三条存储带空。

(2) 把第一条存储带的内容复制到第二条存储带上。

(3) 用第二条存储带模拟 N 在输入 w 上的非确定性计算的某个分支。每模拟一步都先查询第三条存储带上的内容以确定在 N 的诸多非确定性选择中选择哪一个。如果第三条存储带已读完或地址无效，则放弃这个分支，转到第(4)步。如果遇到拒绝格局也转到第(4)步。如果遇到接受格局，则接受 w。

(4) 在第三条存储带上，用字典序的下一个串替代原有的串。转到第(2)步，以模拟 N 的计算的下一个分支。☐

注：该算法的"宽度优先"体现在"字典序"上。这里字典序是指字符串的字典序，它与大家熟悉的字典顺序类似，只是必须先短后长。

1.6 通用 TM

通用(universal)图灵机是可以输入 TM 的 TM，通常用 U 表示。TM 可以作为输入的前提是可以对它进行编码。回忆 TM 的形式化定义，7 元组中的每个部分都是一个有限集，所以都可以进行编码。特别地，状态转移函数代表了 TM，而且至多有有限条规则，所以可以将对它的编码看作相应 TM 的编码，在后面的对角化方法中对此会做专门的介绍。

假设通用 TM U 输入了 M，则 U 完全知道 M 的状态转移规则，因此可以模拟 M 在任何输入上的计算，由 M 的任意性，事实上 U 可以执行任何一个 TM 的计算，这就好比可以执行程序的程序，这正是 Von Neuman 设计现代电子计算机的原型。

习 题

1. 检查 TM 的模型和定义，回答下列问题并说明原因：

(1) TM 可以在存储带上写符号"␣"吗？

(2) 存储带上可用的字母表 Γ 和输入字母表 Σ 可以相同吗？

(3) TM 的带头可以在连续的两步中处于同一个位置吗？

(4) TM 的状态集 Q 可以只包含一个状态吗？

2. 请再学习至少一个 TM 算法实例(包含状态转移图)，譬如参考文献[3]中的实例。

3. 修改 TM 的模型，使其读写头的位置在每一步移动时除左、右移一格外，还可以停留不动(stay put)，即状态转移规则形为

$$(q, x) \rightarrow (q', x', d), \quad d = \text{L, R 或 S}$$

S 表示停留在当前方格。

证明：这种 TM 与本章定义的单带 TM 等价。

4. 试用单向无穷带的 TM 模拟双向无穷带的 TM。

第 2 章　计算任务与复杂性

2.1　关心的计算任务：判定语言

观察 TM 模型，为什么 TM 最终或者接受或者拒绝呢？那是因为我们关心的计算任务是判定问题。

所谓判定问题，即对于给定的实例，只有两种可能的答案：yes/no，true/false，1/0。把所有 yes 实例放在一个集合中构成一个**语言**（language），所以判定的其实就是语言的成员所属关系。

实际中的多数计算问题都并非判定问题，可能需要求出一个解，这样的问题称为查找问题，如求方程的解、分解一个大整数等。但是，这些问题通常都可以通过设定一个解的范围而改写为一个等价的判定问题。

例如，整数分解问题 FACTORING 是一个查找问题：

$$\text{给定正整数 } N\text{，求因子 } d\text{，使得 } d \mid N$$

与它等价的判定问题是：

$$\text{给定正整数 } N \text{ 和 } M\text{，问 } N \text{ 是否有因子 } d\text{，并且 } 1<d<M$$

对这两个问题等价的具体表述和证明需要在明确复杂性的定义之后给出，详见本章习题。

一个比判定弱的概念是识别，下面分别对 DTM 和 NDTM 给出判定与识别的定义。

定义 2.1　语言 L 由 TM M **识别**（recognize），若

（1）对所有的 $w\in L$，输入 w，M 接受（并停机）；

（2）对所有的 $w\notin L$，输入 w，M 或者拒绝（并停机）或者 loop。

如果 M 识别语言 L，则称 M 是 L 的识别器（recognizer），如果存在识别器识别的语言 L，则称语言 L 是可识别的。

这个定义一方面因为 M 可能 loop，而 loop 的情况可能是复杂的，所以不利于讨论运行步数等问题。另一方面，因为规则的不对称也会导致：

$$\text{语言 } L \text{ 可识别} \not\Rightarrow L \text{ 的补语言 } \overline{L} \text{ 可识别}$$

这样别扭的结论。因此，识别这个概念在实际中可能要求过弱。

定义 2.2　语言 L 由 TM M **判定**，若

（1）对所有的 $w\in L$，输入 w，M 一定接受（并停机）；

（2）对所有的 $w\notin L$，输入 w，M 一定拒绝（并停机）。

如果 M 判定语言 L，则称 M 是 L 的判定器（decider），如果存在判定器判定语言 L，则

称语言 L 是可判定的。

现在，判定的规则完全对称，因此语言 L 可判定 $\Rightarrow \overline{L}$ 可判定，事实上只需要将 L 判定器的接受状态和拒绝状态互换就可以得到 $\overline{L}$ 的判定器。而且，判定器不会 loop，我们就可以考虑运行步数的问题了。

对于 NDTM，也可以定义识别和判定。

定义 2.3 语言 L 由 NDTM N **识别**，若

（1）对所有的 $w \in L$，输入 w，N 至少有一条分支接受（并停机）；

（2）对所有的 $w \notin L$，输入 w，N 没有一条分支接受（并停机），即所有分支或者拒绝（并停机）或者 loop。

如果 NDTM N 识别语言 L，则称 N 是 L 的非确定性识别器。

定义 2.4 语言 L 由 NDTM N **判定**，若

（1）对所有的 $w \in L$，输入 w，N 的所有分支都停机；

（2）对所有的 $w \in L$，输入 w，N 至少有一条分支接受（并停机）；

（3）对所有的 $w \notin L$，输入 w，N 所有分支都拒绝（并停机）。

如果 NDTM N 判定语言 L，则称 N 是 L 的非确定性判定器。

注意：非确定性判定器判定规则的不对称性也将导致：

$$L \text{ 可由 NDTM 判定} \nRightarrow \overline{L} \text{ 可由 NDTM 判定}$$

后面为了探讨复杂性理论的问题，我们只用判定器的概念，这里给出识别的概念，一是强调它们的区别，二是后面章节中需要用到。

为了更进一步地了解判定的概念，考虑下面问题的可判定性，注意，因为判定问题很多，所以这里只讨论几个比较特殊的。

例 2.1 有限集。

显然可以判定，任何一个有限集都是可判定的，输入一个符号串 w，只要将其与集合中的每个元素比对，有一个相同则接受，否则拒绝。

例 2.2 语言 L 只有一个字 w，$w = \begin{cases} 0, & \text{上帝存在} \\ 1, & \text{上帝不存在} \end{cases}$

因为 L 等于 $\{0\}$ 或 $\{1\}$，它们都是有限集，所以 L 可判定，只是我们可能无法确认 L 是 $\{0\}$ 还是 $\{1\}$。

例 2.3 罗素的理发师悖论：村子里有个理发师，他给自己定了一条规矩，即不给那些给自己理发的人理发，那么理发师该不该给自己理发呢？

尝试回答这个问题你就会发现矛盾。这个问题事实上可以形式化为集合 $S = \{x \mid x \notin S\}$ 是否可以判定？因为判定该问题会导致矛盾，所以答案是不可判定。

2.2 复杂性的度量

既然已经明确关心的任务是判定问题，现在我们来考虑计算一个判定问题所需耗费的资源，也就是计算的复杂性。计算耗费的资源除了要考虑时间资源和空间资源外，有时还要考虑并行性，很快我们还会看到需要考虑随机性和通信量等其他资源。我们先考虑最普

通的时间资源和空间资源。

TM 耗费的时间就是它运行的步数，空间就是它使用的方格数，这些显然随着输入长度 n 的增加也会有所增加，因为要计算出具体需要运行多少步或者使用多少方格通常是繁琐的，所以复杂性的度量只需要反映出它们随着输入长度的增加而增长的程度。

反应函数增长程度需要采用渐近分析（asymptotic analysis）的方法。下面先引入大 O 小 o 记号。

2.2.1　大 O 小 o 记号

函数的渐近分析只关心函数的增长程度，忽略常系数和低次项，大 O 小 o 记号是最常用的比较函数增长程度的符号。

假设有 $f, g: \mathbb{N} \to \mathbb{R}^+$ 是两个函数，则

（1）$f(n) = O(g(n))$，若 $\exists$ 正实数 c 和正整数 n_0，使得当 $n > n_0$ 时，$f(n) \leqslant cg(n)$。也就是说，$f(n)$ 的增长程度至多与 $g(n)$ 的相同。

（2）$f(n) = o(g(n))$，若 $\lim\limits_{n \to \infty} \dfrac{f(n)}{g(n)} = 0$，即 $\forall$ 正实数 c，$\exists$ 正整数 n_0，使得当 $n > n_0$ 时，有 $f(n) < cg(n)$。也就是说，$f(n)$ 的增长程度严格小于 $g(n)$ 的。

度量复杂性常见的函数主要有以下几种：

• **多项式**（polynomial）。假设 $f(n)$ 为 k 次多项式，则 $f(n) = O(n^k)$，且 $f(n) = o(n^{k+1})$。更具体地，如果假设 $f(n) = 5n^5 + 3n^3 + n + 7$，则 $f(n) \leqslant 6n^5 = O(n^5)$。由此可以看出在大 O 符号内常系数可以忽略。

• **对数**（logarithm）。因为 $\lim\limits_{n \to \infty} \dfrac{\log n}{n} = 0$，所以 $\log n = o(n)$。而且，只要 $k > 0$，$c > 0$，就有 $\lim\limits_{n \to \infty} \dfrac{(\log n)^k}{n^c} = 0$，无论 k 多大 c 多小。所以特别地有 $\log n = o(n^c)$，即对数的增长程度严格小于多项式的增长程度。对于对数，以什么为底数并不重要，因为由换底公式它们只差一个常数倍，而在大 O 符号内常系数可以忽略。如无特别指明，本书中对数都以 2 为底。

• **指数**（exponential）。因为只要 $k > 0$，$c > 1$，就有 $\lim\limits_{n \to \infty} \dfrac{n^k}{c^n} = 0$，无论 k 多大 c 多小，所以 $n^k = o(c^n)$，即多项式的增长程度严格小于指数的增长程度。因为 $c^n = 2^{O(n)}$（$c > 1$），且更高阶的 2^{n^k}（$k > 1$）也称为指数，所以对于指数我们也不强调底数，今后指数也通常指以 2 为底的指数。

除了这些函数还可能用到：

• **超越多项式**（super-polynomial）。$f(n)$ 比任何多项式都增长得快，但比指数慢，即满足对于任意的 k，$n^k = o(f(n))$，譬如 $n^{\log n}$ 就是一个超越多项式。

• **亚指数**（sub-exponential）。$f(n)$ 比指数增长得慢，但是比超越多项式增长得快，譬如 $2^{\sqrt{n}}$。注意 $2^{O(\log n)}$ 不是亚指数，因为事实上 $2^{O(\log n)} = n^{O(1)} = n^k$（对某个 k），是多项式。

2.2.2　时间 / 空间复杂性的定义

TM 的运行步数/使用方格数会随着输入长度的增加而增加，所以需要用函数来表示。但

是要定义时间/空间复杂性,还有一个问题:即使对于相同长度的两个输入,因为难易程度不同,TM 可能有不同的运行步数(或使用方格数)。那么用哪一个来代表 TM 的复杂性呢?这里采用最坏情况(worst-case)下的复杂性,即需要运行的最大步数/使用的最大方格数。

设想一下,如果一个问题在最坏情况下易解,则该问题确实易解,但是如果一个问题在最坏情况下难解,则该问题未必真的难解。所以,有时最坏情况下的度量可能不充分,需要考虑平均情况(average-case)下或多数情况(most-case)下的复杂性。我们采用最坏情况下的定义原因有两方面:一方面讨论平均情况或多数情况下的复杂性一般来说是困难的;另一方面最坏情况下的复杂性对多数复杂性理论中的问题已经是充分的,并且能够得到一些有意义的结论,关于这一点大家可以在进一步的学习中体会。

对 DTM,时间复杂性和空间复杂性的具体定义如下:

定义 2.5 (DTM 的时间复杂性) 假设 M 是语言 L 的 DTM 判定器,那么 M 的时间复杂性(或运行时间,简记为 time)是一个函数 $f: \mathbb{N} \to \mathbb{N}$($\mathbb{N}$ 是自然数之集),$f(n)$ 是对于所有 n 长输入,M 需要移动的最大步数。

若 M 的 time 是 $f(n)$,则称 M 是 $f(n)$-time 的。

定义 2.6 (DTM 的空间复杂性) 假设 M 是语言 L 的 DTM 判定器,那么 M 的空间复杂性(简记为 space)是一个函数 $f: \mathbb{N} \to \mathbb{N}$,$f(n)$ 是对于所有 n 长输入,M 扫描过的带上方格的最大数目。

若 M 的 space 是 $f(n)$,则称 M 是 $f(n)$-space 的。

注:空间与时间的最大区别就是空间可以重复使用。所以当同一个方格被扫描两次时,空间复杂性只计 1。

例 2.4 对之前给出的语言 $\{a^k b^k, k \geqslant 1\}$ 的判定器,考虑它的 time 和 space。

(1) 考虑用单带机实现配对删除的方法。

space:假设输入 n 长,显然扫描的方格只有有输入的部分和第一个"␣",所以 space 为 $O(n)$。

time:假设输入 n 长,显然,在所有 n 长输入中,需要移动步数最多的是当 a 和 b 个数相等(各为 $\frac{n}{2}$)的时候。此时,每删除一对 a、b,需要移动 $\frac{n}{2} + \frac{n}{2} + 1$ 步,共需删除 $\frac{n}{2}$ 对,所以 time 为 $O(n^2)$。(还要加上 $\frac{n}{2}$ 步,因为最后还需检查右端是否还有 b。)

(2) 考虑用双带机实现配对删除的方法。显然 space 仍为 $O(n)$,但 time 仅为 $O(n)$。

从例 2.4 可以看出,讨论具体移动的步数经常是繁琐的,这就体现了采用大 O 符号的好处,今后我们的分析不会再如此细致。另外,复杂性是依赖于模型的,因所采用的具体 TM 模型不同而可能不同。还要强调一点,虽然多条带不会帮助我们判定更多的问题,但是从复杂性的角度看,对计算还是可能有帮助的。

对 NDTM,time 和 space 的定义类似。

定义 2.7 (NDTM 的时间复杂性) 假设 N 是语言 L 的 NDTM 判定器,那么 N 的 time 是一个函数 $f: \mathbb{N} \to \mathbb{N}$,$f(n)$ 是对于所有 n 长输入,N 的所有分支中最大的移动步数。

定义 2.8 (NDTM 的空间复杂性) 假设 N 是语言 L 的 NDTM 判定器,那么 N 的 space 是一个函数 $f: \mathbb{N} \to \mathbb{N}$,$f(n)$ 是对于所有 n 长输入,N 的所有分支中扫描过的带上方

格的最大数目。

注：对一个 NDTM，定义其 time 的最大移动步数的分支和定义其 space 的最大扫描方格数的分支可能不是同一个。

NDTM 的实例及其复杂性分析会在后续章节中讨论，这里暂不给出。

为加深对 time 和 space 的认识，下面给出一些有用的结论和基本的定理。

2.2.3　两个事实

对于时间复杂性和空间复杂性，应当注意并且时刻记住以下两个简单的事实：

假设 TM M 的 time 为 $t(n)$，space 为 $s(n)$，则

（1）$t(n) \geqslant n$。这是因为 TM 至少应读完全部的输入。有没有不需要读完输入就可以判定的语言呢？有，譬如以 0 开始的字符串，给定任何输入只需要读第一个符号。但是这类语言比较简单，没有多少实际意义，所以我们不予考虑。对一般的语言，也可能有不需要读完就可以判定的实例，譬如，对语言 $\{a^k b^k, k \geqslant 1\}$ 来说，以 b 开头的实例，第一步就会拒绝。但是，复杂性是在最坏情况下度量的，此时还是要读完所有的输入。

（2）$s(n) \leqslant t(n) + 1$。这是因为一步移动至多增加一个扫描过的方格。该结论对于 NDTM 也成立。但对于多带机，譬如 k 带机，一步移动至多增加 k 个扫描过的方格，所以 $s(n) \leqslant k(t(n) + 1)$。

基于第一个事实，我们不考虑 time 低于 $O(n)$（亚线性）的计算，而对于 space 来说，因为空间可以重复使用，可以考虑亚线性 space 的计算，但是因为输入就需要占用 $O(n)$ space，所以需要稍微修改一下 TM 的模型，我们在后续章节再讨论这个问题。

2.2.4　采用大 O 记号的合理性——带压缩定理和线性加速定理

在大 O 符号内可以忽略常系数，但是如果常系数很大，譬如 1000，那么忽略仍然合理吗？带压缩定理和线性加速定理将告诉我们确实合理，它们是复杂性理论中两个最基本的定理。

定理 2.9（带压缩）　假设 M 是 $s(n)$-space 的 DTM（NDTM），则对于任意的 c，$0 < c < 1$，存在 $cs(n)$-space 的 DTM（NDTM）M'，它和 M 判定相同的语言。

证明（用大符号替代小符号）。给定 M，构造 M' 如下：

M' 的带上符号是 M 的带上符号的 r 元组 $(s_1, \cdots, s_r)$，即 M' 的一个方格内存放 M 的 r 个符号，称为一个字段。

M' 的状态集为 $Q' = Q \times \{1, \cdots, r\}$，即 M' 的状态形为 (q, i)，它表示 M 的状态为 q，并且 M 的带头目前正指向 M' 带头当前所指向方格内符号（字段）的第 i 个分量上。

以图 2.1 为例，假设 M 如图 2.1 中实线所标，则若 $r=4$，M' 如图中虚线所标。

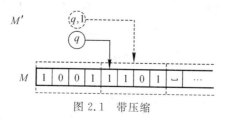

图 2.1　带压缩

当 M 改写当前方格内容时，M' 只要改写当前字段的对应分量即可。

显然，M' 与 M 判定相同的语言，并且如果 M 的 space 为 $s(n)$，则 M' 的 space 为 $\left\lceil \dfrac{s(n)}{r} \right\rceil$，取合适的 r，即可得到任意的 c。 □

注 1：要严格证明这个定理，M' 需要一条额外的带，用来存放最初的输入。这样，M' 可以在它的工作带上将这个输入改写为 r 元一组的新格式，再模拟 M 的动作，并且输入带上使用的方格不计入 space 内。

注 2：M' 并非不需要付出代价，事实上 M' 因为有更多的状态而具有更复杂的状态转移函数。

在带压缩定理的证明中，M' 实际上每次改写的仍然只是一个字段中的某一个符号，所以考虑 time 时并无帮助，如果能够一次性地处理一个字段，可能对减少 time 也有帮助。线性加速定理正是基于这样的思想。

定理 2.10（线性加速） 假设 M 是时间复杂度为 $t(n)$ 的 DTM(NDTM)，若 $\lim\limits_{n\to\infty}\dfrac{n}{t(n)}=0$，则 $\forall c$，$0<c<1$，存在 time 为 $ct(n)$ 的 DTM(NDTM) M'，它与 M 判定相同的语言。

证明 （若干步合并成一步）给定 M，M' 的带上符号如带压缩定理的证明。

首先，M' 要将一个 r 长字段压缩到一个方格内，形成正确的输入格式，并将带头移到初始位置（如前所述，M' 需要多一条输入带），这需 $n+\left\lceil \dfrac{n}{r} \right\rceil$ 步。

然后，为了模拟 M，注意到如果记 M' 带头当前指向的方格（字段）为 B，其左邻方格为 L，右邻方格为 R，如图 2.2 所示，则 M 的 r 步移动不可能超出这三个字段，并且只有三种可能：只在 B 中移动、在 B 和 L 中移动、在 B 和 R 中移动，分别记作 B、B&L 和 B&R。

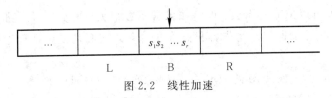

图 2.2 线性加速

这样，M' 只需根据情况对它的至多三个方格（字段）进行改写即可，这至多需要 8 步：

(1) 确认 B、L 和 R 的内容以确定下面应该如何改写（只知道 B 不足以确定应做如何改写），这需要 4 步。

(2) 根据 M 在 r 步后的动作改写 B、L 和 R，并将带头移到正确的位置。因为只有 B、B&L 和 B&R 这三种可能，所以事实上至多只需要改写两个字段，需要 2 步，将带头移回也至多 2 步，所以至多 4 步就可以完成。

如果 M 进入接受状态或拒绝状态，M' 也是，即 M' 与 M 判定相同的语言。

考察 M' 的 time，因为 M' 可以用至多 8 步模拟 M 的 r 步，所以如果 M 是 $t(n)$-time 的，那么 M' 需要 $8\left\lceil \dfrac{t(n)}{r} \right\rceil$ 步，再加上最初形成正确格式需要的步数，M' 的 time 为

$$n+8\left\lceil \dfrac{t(n)}{r} \right\rceil+\left\lceil \dfrac{n}{r} \right\rceil$$

由假设 $\lim\limits_{n\to\infty}\dfrac{n}{t(n)}=0$，所以当 n 足够大时，有

$$n+8\left\lceil\frac{t(n)}{r}\right\rceil+\left\lceil\frac{n}{r}\right\rceil\leqslant\left\lceil\frac{t(n)}{r}\right\rceil+8\left\lceil\frac{t(n)}{r}\right\rceil+\left\lceil\frac{t(n)}{r}\right\rceil$$

$$=10\left\lceil\frac{t(n)}{r}\right\rceil$$

$$\leqslant10\,\frac{t(n)}{r}+10$$

$$\leqslant\frac{11}{r}t(n)$$

只要取合适的 r 就可以得到任意的 c。　　　　　　　　　　　　　　　□

注：定理证明中，如果允许 M' 停步不动，那么 M' 模拟 M 的 r 步时，改写的过程只需要两步。

2.2.5　带数目的减少对时间复杂度和空间复杂度的影响

考虑在判定语言 $\{a^kb^k,k\geqslant1\}$ 时，我们已经看到减少一条带对 time/space 的影响：time 呈平方增长，space 不变。事实上检查前面单带 TM 模拟多带 TM 的方法就会发现这样的结论具有一般性。

定理 2.11　假设 M 是 k 带 TM，$k>1$，其 space 为 $s(n)$，time 为 $t(n)$，则存在单带 TM S，S 与 M 判定相同语言，且 S 的 space 为 $O(s(n))$，time 为 $O(t^2(n))$。

证明　回忆用单带 TM 模拟多带 TM 的方法。

假设 M 有 k 条带，S 把 k 条带上的内容都存储在它的唯一带上。为此引入定界符"#"以分开不同带的内容，引入带点字符标识虚拟读写头所在的位置。之后为了模拟 M 的一步，S 需要从左到右扫描一遍以确认虚拟读写头底下的符号，再从左到右扫描一遍进行相应的改写，改写过程中还可能需要右移位。

先考虑 S 的 space。假设 M 的 space 是 $s(n)$，即 M 的 k 条带上共使用 $s(n)$ 个方格，那么显然除了新加入的定界符"#"，S 不会使用更多的方格，引入的定界符共 $k+1$ 个，所以 S 的 space 为 $s(n)+k+1=O(s(n))$（k 是常数）。

再考虑 S 的 time。为了模拟 M，S 首先需要形成正确的格式，这需要 $O(n)$ 步。然后为了模拟 M 的一步，需要从左到右扫描两遍，中间还可能需要右移位。假设 M 的 space 为 $s(n)$，扫描一遍就需要 $O(s(n))$ 步。右移位至多发生 k 次，每次至多将 $O(s(n))$ 个方格的内容全部右移一格。

现在，考虑移位的 time。想象控制器中有一个记忆单元，那么移位操作就非常容易了，只需要 $O(s(n))$ 步。但是如何实现这个记忆单元呢？只要为每个带上符号 x 引入一个专门的记录状态 q_x 即可，即在该状态下，转移规则为 $(q_x,y)\to(q_y,x,R)$。

这样 S 的 time 为

$$O(n)+t(n)\times(2O(s(n))+kO(s(n)))$$

因为对于 k 带机，$s(n)\leqslant k(t(n)+1)$，且 $n\leqslant t(n)$，所以上式是 $O(t^2(n))$。　　　□

2.2.6 DTM 与 NDTM 的时间复杂性关系

NDTM 的计算是计算树，所以用 DTM 模拟 NDTM 似乎需要指数级的代价。这里将证明，对于 time 来说确实如此。但是，对于 space 来说可以有更好的结果，第 7 章的 Savitch 定理将告诉我们 space 可以只付出平方增长的代价。

定理 2.12 假设 N 是 $t(n)$-time 的 NDTM，则存在 DTM M，与 N 判定相同的语言，且 time 为 $2^{O(t(n))}$。

证明 回忆用 DTM 模拟 NDTM 的方法。需要特别指出的是，因为讨论复杂性时只针对判定器，不会发生 loop，所以此处可以采用深度优先的策略，这样 time 的分析更容易些。

假设 N 的 time 为 $t(n)$，则每个分支至多 $t(n)$ 长。假设 N 的每个节点至多有 b 个孩子节点，则 N 至多有 $b^{t(n)}$ 个分支。

M 采用深度优先的策略，逐分支地模拟 N 的每条计算分支，找到接受分支则接受，否则拒绝。M 的 time 为

$$O(t(n)b^{t(n)}) \leqslant b^{t(n)}b^{t(n)} = b^{2t(n)} = 2^{O(t(n))}$$ □

注：现在 M 是多带机，如果再转化成单带机还需付出 time 平方增长的代价，但仍然是 $2^{O(t(n))}$。

2.3 复 杂 性 类

2.3.1 复杂性类的概念

复杂性理论的研究目标是回答什么问题易解什么问题难解，为此，可以设定资源界限，考察在限定的资源内什么问题可解什么问题不可解。如果限定的资源是实际合理的，那么不可解的问题就是困难问题。在限定资源下，所有可解问题构成的集合就是所谓的复杂性类。当然，这里我们主要关心的问题是判定语言。

定义 2.13 (TIME($f(n)$)) 时间复杂性类 TIME($f(n)$) 是所有由 DTM 在 $O(f(n))$-time 内可以判定的语言构成的类，即

$$\text{TIME}(f(n)) = \{L: L \text{ 可由 DTM 在 } O(f(n))\text{-time 内判定}\}$$

非确定性时间复杂性类的定义与之类似。

定义 2.14 (NTIME($f(n)$)) 非确定性时间复杂性类 NTIME($f(n)$) 是所有由 NDTM 在 $O(f(n))$-time 内可以判定的语言构成的类，即

$$\text{NTIME}(f(n)) = \{L: L \text{ 可由 NDTM 在 } O(f(n))\text{-time 内判定}\}$$

同样，空间复杂性类也类似定义。

定义 2.15 (SPACE($f(n)$)) 空间复杂性类：

$$\text{SPACE}(f(n)) = \{L: L \text{ 可由 DTM 在 } O(f(n))\text{-space 内判定}\}$$

定义 2.16 (NSPACE($f(n)$)) 非确定性空间复杂性类：

$$\text{NSPACE}(f(n)) = \{L: L \text{ 可由 NDTM 在 } O(f(n))\text{-space 内判定}\}$$

以确定性时间复杂性为例，经常考虑的类有：

(1) TIME(n)：$O(n)$ 内可判定的语言构成的类。——线性时间复杂性类

(2) P = $\bigcup\limits_{k \geqslant 1}$ TIME (n^k)。——多项式时间复杂性类

(3) EXP = $\bigcup\limits_{k \geqslant 1}$ TIME(2^{n^k})。——指数时间复杂性类

空间复杂性类、非确定性复杂性类以后再具体介绍，此处不再罗列。

2.3.2　TIME 和 SPACE 之间的平凡(trivial)关系

复杂性理论不仅关心某一个问题的复杂性，更多时候关心的是一类问题和另一类问题复杂性之间的关系，也就是复杂性类之间的关系。若两个看似不同的复杂性类相等，则其中的问题难易程度相同。通过研究复杂性类之间的关系，我们希望能够揭示困难性的本质以及回答某些问题为什么困难这样的问题。

作为一个开始，下面给出时间复杂性类和空间复杂性类之间的一些平凡关系。

(1) DTIME($t(n)$) $\subseteq$ DSPACE($t(n)$)

这是因为 $t(n)$-time 的 DTM 至多扫描 $t(n)+1$ 个方格。

(2) NTIME ($t(n)$) $\subseteq$ NSPACE($t(n)$)

与上同理，对于 NDTM，每条分支也至多扫描 $t(n)+1$ 个方格。

(3) DSPACE($s(n)$) $\subseteq$ $\bigcup\limits_{c>1}$ DTIME($c^{s(n)}$)

对任何 ($s(n)$)-space 的 DTM M，可能的格局数至多为

$$|Q| \cdot s(n) \cdot |\Gamma|^{s(n)}$$

其中 $|Q|$ 为可能的状态数(常数)，$s(n)$ 为带头可能指向位置，$s(n)$ 个方格中每个方格内可能的符号有 $|\Gamma|$ 个。注意到

$$|Q| \cdot s(n) \cdot |\Gamma|^{s(n)} \leqslant |Q| \cdot |\Gamma|^{s(n)} \cdot |\Gamma|^{s(n)} = O(c^{s(n)})（对某个常数 c）$$

因此，M 在 $O(c^{s(n)})$ 步内一定停机，否则 loop，而这是判定器不允许的。

(4) NSPACE($s(n)$) $\subseteq$ $\bigcup\limits_{c>1}$ NTIME($c^{s(n)}$)

与上同理，存在 c，使得 NDTM 的所有分支至多运行 $O(c^{s(n)})$ 步。

在后面的章节中，我们会逐步讨论和学习更多复杂性类之间的其他关系。

习　　题

1. 识别与判定的区别：

(1) 假设 L_1 和 L_2 是两个可判定的语言，证明 $L = L_1 \bigcup L_2$ 也可判定。

(2) 假设 L_1 和 L_2 是两个可识别的语言，证明 $L = L_1 \bigcup L_2$ 也可识别。

(3) 如果考虑 $L = L_1 \bigcap L_2$，情况又如何？(采用 TM 的高层描述即可。)

2. ★判定与查找。

考虑整数分解问题 FACTORING：给定整数 N，求 $1 < k < N$，s.t. $k \mid N$，若 N 为素数，则返回 1；以及一个与之相关的判定问题，我们记作 X：给定整数 N, M，判定 N 是否有因子 k，$1 < k < M$。

X 可以写作一个语言：

$$X = \{(N,M): N \text{ 有因子 } k, 1 < k < M\}$$

请证明 FACTORING 与判定问题 X 等价：

(1) 证明：X 的多项式时间算法 $\Rightarrow$ FACTORING 的多项式时间算法。即如果存在多项式时间的算法 A 判定 X 问题，则也存在多项式时间的算法 B 求解 FACTORING 问题，B 可以调用算法 A。

(2) 证明相反方向：FACTORING 的多项式时间算法 $\Rightarrow X$ 的多项式时间算法。

(提示： 对于(1)考虑一种合适的搜索方法。对于(2)应注意：① N 有小于 M 的因子 iff N 的最小素因子小于 M；② N 的素因子个数至多为 $\log N$ 个。)

3. ★★ 考虑用双带 TM 模拟多带 TM，我们知道用单带 TM 模拟多带 TM 时，时间复杂性呈平方增长，那么用双带机模拟多带机会有更好的结果吗？请给出模拟过程并分析原因。

第 3 章　P 与 NP

3.1　P 类

3.1.1　P 的定义

定义 3.1　P 是所有由 DTM 在多项式时间(polynomial time，简记为 PT)内可以判定的语言构成的类，即 P＝$\bigcup_{k\geqslant 1}$TIME(n^k)，其中 k 为实数(不必是整数)。

要求 $k\geqslant 1$ 的原因前面我们已经提过，因为读完全部输入就需要 n 步，所以不考虑比线性时间还少的计算。

3.1.2　P 的重要性

为什么要研究 P 类呢？或者说 P 有什么重要性呢？这里说明如下：

(1) P 是稳健的(robust)，即 P 不会因为特别的计算模型的变化而发生变化。

各种 TM 的"合理"模型都可以由单带机模拟，而且只需要付出多项式级的 time 代价。这事实上是 Church-Turing 命题的一个加强版：Cobham-Edmonds 命题。当然，它也无法证明，"合理"也没有明确的数学定义，只是已有的模型都验证了这一点，譬如单带机模拟多带机时 time 就只呈平方增长。这样，无论采用哪种模型，P 总是 P。这与 TIME(n)不同，一个语言用双带机判定可能只需要 $O(n)$，但用单带机可能需要 $O(n^2)$，如$\{a^kb^k,k\geqslant 1\}$这个语言。那么这个语言究竟在 TIME(n)中还是在 TIME(n^2)中呢？所以说 TIME(n)这个类是不稳健的。

(2) P 提供了"实际可解"或者"易解(tractable)"的数学模型，这是相对于指数时间复杂性类 EXP 而言的。

time 随着输入长度的增加而增加，n 较大时，譬如 $n＝1000$，n^3 是 10 亿，但是 2^{1000} 是多少呢？这个数比地球上所有原子的数目还大。一个算法执行上亿步在实际中还可以接受，但执行 2^{1000} 步就无法忍受了。所以，相对而言，指数时间 EXP 提供了"难解(intractable)"的数学模型。

(3) 如果 TM 的 time 是 $O(n^k)$，而 k 很大，那么它还算是一个有效的算法吗？恐怕不是。但是，实际中 k 很大的 PT 算法很少见，而且，如果一个问题 PT 可解，则通常总会有一些办法进一步降低其复杂性。

实际中我们会认为 TM 的 time 为 $O(n)$、$O(n^2)$ 或 $O(n^3)$ 的算法是有效的，但这些算法可能会调用一些子程序，譬如简单的乘法、加法运算等，而这些子程序的 time 又分别为 $O(n)$、

$O(n^2)$ 或 $O(n^3)$，子程序还可能调用子程序……最终这个算法的 time 虽然不再是 $O(n)$、$O(n^2)$ 或 $O(n^3)$，但还是多项式，这样还是会合理地得到 P 类。

3.1.3　P 中的问题

　　显然 $\{a^k b^k, k \geqslant 1\} \in P$，另外，P 中还有很多常见问题，譬如判定两个数是否互素，判定一个线性方程组是否有解，等等。相关的数学理论和算法这里不再一一赘述，下面只以 PATH 问题为例，后面我们还会学习到一些其他的例子。PATH 问题在复杂性理论中有重要的意义，后面我们还会碰到它。

　　给定一个有向图 G 和它的两个顶点 s 和 t，PATH 问题即判定 G 中从顶点 s 到 t 是否有一条路径。表述成语言的形式，即为

$$PATH = \langle (G,s,t) \colon G \text{ 是从 } s \text{ 到 } t \text{ 有路的有向图} \rangle$$

　　考虑判定该问题的方法。为了探讨复杂性，首先需要注意：图作为一个输入字符串，应如何编码？假设有向图 G 由顶点集 V 和边集 E 构成，即 $G = (V, E)$，那么图的编码可以是 V 和 E 的列表。假设 G 有 n 个顶点，每个顶点可以编码为 $\log n$ 长的 $0 - 1$ 比特串，每条边可以表示成两个顶点构成的二元组。如果边较多，则一种更简洁的编码方式是使用邻接矩阵（adjacency matrix）：$A_{n \times n} = (a_{ij})_{n \times n}$，其中 $a_{ij} = 1$ 当且仅当 G 中从顶点 i 到顶点 j 有边，见图 3.1 给出的例子。

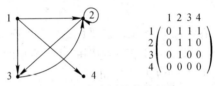

图 3.1　有向图及邻接矩阵

　　对于邻接矩阵，顶点对应的行之和即为该顶点的**出度**（out-degree），对应的列之和即为该顶点的**入度**（in-degree）。

　　现在图作为一个输入，其长度至多为 $O(n^2)$。今后讨论与图相关的问题时，time 和 space 以图的顶点数 n 衡量，因为关于 n 是多项式，则关于图自身大小 $O(n^2)$ 也必然是多项式。

　　回到 PATH 问题，输入 (G,s,t)，如何判定 s 到 t 是否有路呢？注意到如果 s 到 t 有路则必有长度小于等于 n 的路，所以一种方法是穷举所有可能的 n 长路，检查其中是否有从 s 到 t 的路。因为可能的路有 n^n 种，所以这需要指数时间。这个算法不能说明 $PATH \in P$。

　　下面给出一种在 PT 内判定 PATH 的方法。

　　断言 3.2　$PATH \in P$。

　　证明　只要为 PATH 找到一种 PT 算法。考虑依次标记 s 可以到达的顶点，先标记 1 步可达的，再标记 2 步可达的……因为 s 到 t 有路则必有长度小于等于 n 的路，所以至多 n 步后即可终止。这个算法具体如下：

　　（1）标记顶点 s（可以开辟专门的方格存放标记符号，n 个顶点对应 n 个方格，譬如某个顶点被标记则对应方格改写为 $*$）。

　　（2）重复以下操作直到没有顶点需要标记：检查 G 的所有边，若找到一条边 (a,b)，a

已被标记，而 b 未被标记，则标记 b。（在第 i 轮，被标记的顶点可能不止所有 s 在 i 步内可达的顶点。）

（3）最后，若 t 被标记过，则 accept，否则 reject。

分析上述算法的 time：（1）和（3）只执行一次，都是简单操作，显然在 PT 内可以完成。（2）至多重复 n 轮，因为每轮（除最后一轮外）都至少增加一个被标记的顶点。每轮要读一遍 $A_{n\times n}$，检查至多 n^2 个可能的边是否满足"a 被标记，而 b 未被标记"，是则标记，否则继续，这些都是简单操作，显然 PT 内可以完成。

综上，最终的 time 为 $PT+n\times n^2\times PT$，仍然是 PT 的。　　　　□

注意，这个算法并没有真正找到由 s 到 t 的路。另外，也应当注意到此算法可以保证第一轮至少标记所有由 s 一步内可达的顶点，第二轮至少标记所有由 s 两步内可达的顶点……但是只扫描一遍 $A_{n\times n}$ 通常并不够，譬如图 3.2 中的有向图，令 $s=1$，$t=2$。对该图，算法首先标记 1，然后第一轮读邻接矩阵只会标记 5、4，第二轮会标记 3，第三轮才会标记到 2 而接受。

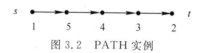

图 3.2　PATH 实例

3.2　NP 类

3.2.1　NP 的定义

考虑分解大整数问题：

FACTORING：给定 N，求 k，$s.t$，$k|N$

与它等价的判定问题是：

$$\{(N,M)：N \text{ 有因子 } k,1<k<M\}$$

具体证明见第 2 章的习题 2。

考虑如何判定该问题。我们可以进行强力查找，即从 2 到 M 逐个对 N 试除，如果有一次试除成功则接受，否则拒绝。

注意，$+$、$-$、$\times$、$\div$ 都是简单的操作，在 TM 上 PT 可计算，读者可以自行设计相关的算法进行确认，今后我们都默认这一点。

现在，因为如果 N 有因子，则因子大小至多为 $\sqrt{N}$，所以复杂性的最坏情况是 $M=\sqrt{N}$ 时，此时需进行 $\sqrt{N}-1$ 次试除，所以该算法的 time 为 $O(\sqrt{N}-1)\times PT$。假设输入的长度为 n，则 $n=O(\log N)$，那么 $\sqrt{N}=2^{\frac{O(\log N)}{2}}=2^{\frac{n}{2}}$，所以这个算法最终是指数时间的。

此处，再次强调一下，复杂性是输入长度的函数，特别是当输入是一个数字时，不能混淆概念。

可以尝试改进该算法，譬如，如果 2 不是 N 的因子，则 2 的倍数都不是 N 的因子，如果 3 不是 N 的因子，则 3 的倍数都不是 N 的因子……但是，目前为止类似于这样的算法，即数域筛法，最好的 time 也只是亚指数时间的，还没有找到 PT 的算法。

除了上面的这个例子，许多重要的计算问题都具有这样两个特征：

(1) 可以在指数级的空间中进行强力查找，"测试"每个可能的候选是否满足期望的特性，从而在指数时间内进行求解。

(2) 对每个候选的"测试"通常是"容易"的，即只需要 PT。测试通常就是验证候选是否为解，如对于前文给出的与 FACTORING 等价的判定问题，就是验证每个候选是否是 N 的因子。

对于这些问题，因为数学结构的不同，有些可以找到 PT 算法替换(1)中的算法，但是多数都并非如此。鉴于此类问题的广泛存在性，我们将引入 PT 验证器(verifier)来模型化"解的测试容易"这样的概念。

定义 3.3(PT 的验证器)　语言 L 的验证器 V 是一个算法，输入一对 (w,c)，V 满足：

(1) 若 $w \in L$，则一定存在 c，使得 V 接受 (w,c)；

(2) 若 $w \notin L$，则对于任意的 c，V 都拒绝 (w,c)。

即语言 L 可以写作

$$L = \{w：存在 c 使得 V 接受 (w,c)\}$$

这里，c 称为 $w \in L$(这个成员所属关系)的证书(certificate/witness/proof)。

称 V 是 PT 的验证器，若 V 的 time 关于 $|w|$ 是多项式。

另外，如果一个语言有 PT 验证器，则称它是 PT 可验证的。

注意：这里 V 的 time 以 $|w|$ 衡量，而不是以 $|(w,c)|$ 衡量！事实上，因为 V 在运行过程中至少需要读完 c，这意味着 c 也至多多项式长，即 $|c| = \mathrm{poly}(|w|)$，所以有 PT 验证器的语言一定有"短"证书！

现在我们给出 NP 的定义。

定义 3.4　NP 是所有 PT 可验证的语言构成的类。

这样的话：

(1) P 是可快速判定的语言类。

(2) NP 是可快速验证的语言类，或者有短证书的语言类。

请思考：如果将 PT 验证器定义中的 $|w|$ 换作 $|(w,c)|$，NP 会是什么呢？还有意义吗？

3.2.2　NP 中的问题

回到 FACTORING 问题，事实上：

断言 3.5　$\{(N,M)：N$ 有因子 $k，1 < k < M\} \in$ NP。

证明　N 有大于 1 小于 M 的因子的一个证书就是一个大于 1 小于 M 的因子 k。首先 k 是短的，至多与 N 同长，其次验证 k 是 N 的因子只要验证 $k \mid N$，显然 PT 内可以完成。更规范地，验证器的输入是 $((N,M),k)$，只要检查是否有 $1 < k < M$，并且 $k \mid N$，这个验证器显然是 PT 的。

类似地，有合数问题：

$$\text{COMPOSITE} = \{N: N \text{ 是合数}\} \in \text{NP}$$

下面再以一个图的问题为例，即 Hamilton 路径问题。

有向图 G 中的 Hamilton 路径是经过每个顶点且只经过一次的路径。现在，给定有向图 G 以及 G 的任意两个顶点 s 和 t，s 到 t 是否有 Hamilton 路径呢？这就是 Hamilton 路径问题，记为

$$\text{HAMPATH} = \{(G,s,t): \text{有向图 } G \text{ 中从 } s \text{ 到 } t \text{ 有 Hamilton 路径}\}$$

以图 3.3 为例，易于看出，从 s 到 t 有 Hamilton 路径。

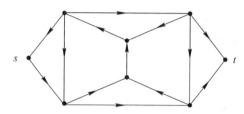

图 3.3　G 中 s 到 t 的一条 Hamilton 路径

假设图 G 中共有 n 个顶点，若 G 中从 s 到 t 有 Hamilton 路径，则该路径恰好 n 长。所以要判定这样的路径是否存在，一种直观的方法就是穷举所有可能的 n 长路径，检查它是否是从 s 到 t 的 Hamilton 路径。这显然需要指数时间。所以，HAMPATH 也具有前面提到的两个特征。

断言 3.6　HAMPATH $\in$ NP。

证明　假设 n 是 G 中顶点的个数，那么 G 中从 s 到 t 的一条 Hamilton 路径就是 (G,s,t) $\in$ HAMPATH 的证书，该路径可以表示为 n 个顶点构成的一个序列。因为每个顶点的描述至多 $O(\log n)$ 长，所以该路径的描述至多 $O(n\log n)$ 长，是 "短的"，而验证该路径是否是从 s 到 t 的 Hamilton 路径，只需检查邻接矩阵中相应的边是否都存在、每个顶点是否都出现、起点是否 s、终点是否 t 即可。这些都是简单操作，显然在 PT 内可以完成。　□

证明一个语言属于 NP 通常是平凡的，只需找到短证书，并说明证书的验证在 PT 内可以完成即可。后续还会碰到很多 NP 中的问题。证明一个语言属于 NP 不平凡的一个例子是素数问题 PRIME，试想一个数是素数会有怎样的短证书呢？后面专门介绍 PRIME 时，我们再来探讨这一问题。

3.2.3　世纪难题 $\text{P} \overset{?}{=} \text{NP}$

P 中的语言都有 PT 的判定器，NP 中的语言都有 PT 的验证器，易于看出：

断言 3.7　P $\subseteq$ NP $\subseteq$ EXP。

证明　首先，P $\subseteq$ NP。假设 $L \in$ P，M 是其 PT 判定器，则 M 也是 L 的 PT 验证器，只需令证书为空串，即 $c = \phi$ 即可。

其次，NP $\subseteq$ EXP。假设 $L \in$ NP，V 是其 PT 验证器，因为 $w \in L$ 的证书 c 至多 poly($|w|$) 长，所以输入 w，只要穷举所有 poly($|w|$) 长的可能证书 c，运行 $V(w,c)$，若找到一个这样的 c 使得 $V(w,c)$ 接受则接受，否则拒绝。如此可以确定性地判定 L，但是显然需要指数时间。　□

有 PT 的判定器就一定有 PT 的验证器，但是反过来是否也成立呢？即 NP⊆P? 因为 P⊆NP，所以这个问题的等价表述就是 P$\overset{?}{=}$NP。它是美国 Clay 数学研究院 2000 年公布的七大世纪难题之一，奖金 100 万美金。

这个问题在理论计算机科学和当代数学理论中都非常重要。如果 P＝NP，则一个问题的解可以有效验证就一定可以有效求解，即穷举可以有效避免。这简直就是理论计算机科学的乌托邦。而且，对 NP 中的很多问题，目前都没有找到相关的数学理论能给出 PT 的求解算法，P＝NP 的相关证明必将打开找到这些理论的大门。但是，目前多数研究者更相信 P≠NP。

为了更进一步了解该问题，下面引入 NP 的一个等价定义。

3.2.4　NP 的等价定义

按照复杂性类的定义，如果 P＝$\bigcup_k$ TIME(n^k)，那么 NP＝$\bigcup_k$ NTIME(n^k)，即所有由 NDTM 在 PT 内可以判定的语言构成的类，这恰恰就是 NP 的另一个等价定义。

定理 3.8　$L\in$ NP 当且仅当 L 可由 PT 的 NDTM 判定。

证明　首先证明必要性。

假设 $L\in$ NP，令 V 是 L 的 PT 验证器，其 time 是 n^k，k 是某个常数。因为证书 c 的长度至多为 n^k，可以将 c 写作 $c=c_1c_2\cdots c_{n^k}$。

构造 L 的 NDTM 判定器 N 如下：非确定性地猜测一个长度为 n^k 的串 $c=c_1c_2\cdots c_{n^k}$（共需 n^k 步），然后运行 $V(w,c)$，即如图 3.4 所示。

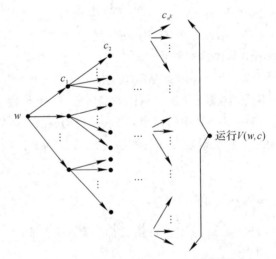

图 3.4　由验证器构造 NDTM 判定器

显然，若 V 是 L 的验证器，则 N 是 L 的 NDTM 判定器，并且 V 是 PT 的。

其次，证明充分性。

假设 N 是 L 的 NDTM 判定器，其 time 为 n^k，k 是某个常数。假设 N 的每次非确定性步骤至多有 d 种可能，即 N 的计算树上每个节点至多有 d 个孩子节点，那么 N 的每个计算分支可标识为一个 n^k 长的串 $c=c_1,c_2,\cdots,c_{n^k}$，$c_i=1,\cdots,d$。

构造 L 的验证器 V 如下：输入 (w,c)，V 只需运行 N 的第 c 条计算分支，若接受则接受，否则拒绝。

因为当 $w \in L$ 时，N 至少有一个接受分支，所以存在 c 使得 V 接受，若 $w \notin L$ 时，N 所有分支拒绝，所以对任意的 c，V 都将拒绝。也就是说，我们可以把接受分支的路径标识作为证书。

显然，如果 N 是 L 的 NDTM 判定器，则 V 是 L 的验证器，并且 V 是 PT 的。　　　□

由这两个定义的等价性，要证明一个语言 $L \in$ NP 也可以为其构造 PT 的 NDTM 判定器：非确定性地猜测一个可能证书，然后进行验证。

另外，$P \overset{?}{=} NP$ 也可以描述为 NDTM 在 PT 内可以判定的语言是否一定可由 DTM 在 PT 内判定？

下面将引入一个与 $P \overset{?}{=} NP$ 相关的问题。

3.3　co-NP 与 co-NP $\overset{?}{=}$ NP

co-NP 类即补 NP 类，其定义如下：

定义 3.9(co-NP)　co-NP $= \{L : \overline{L} \in NP\}$，其中 $\overline{L} = \Sigma^* - L$，$\Sigma$ 是 L 的字母表。

应当注意到 co-NP 并非 NP 的补，而是 NP 中所有语言的补语言构成的类。

考虑一下 co-NP 中的语言具有什么样的判定器呢？因为 $\overline{L} \in NP$，所以存在 NDTM N，使得：

(1) 若 $x \in \overline{L}$，则 N 至少有一条分支接受。

(2) 若 $x \notin \overline{L}$，则 N 的所有分支都拒绝。

现在将接受状态和拒绝状态互换就可以得到 L 的一个判定器 N'，但是判定规则变为：

(1) 若 $x \in L$，则 N' 的所有分支都接受；

(2) 若 $x \notin L$，则 N' 至少有一条分支拒绝。

事实上，co-NP 中的语言确实都具有这种形式的 PT 判定器，而所谓的"补"实际上补的是判定规则。一个有趣的问题是这两种不同规则的判定器是否等价呢？这就是 co-NP $\overset{?}{=}$ NP 问题，与 $P \overset{?}{=} NP$ 问题有密切联系。

首先，注意到可以类似定义补 P 类：co-P $= \{L : \overline{L} \in P\}$，但是 P 中的问题都有确定性判定器，所以判定规则的补还是其自身，所以事实上 co-P $=$ P(具体证明作为一个练习)。由此，也应当注意到 $P \subseteq NP \cap co\text{-}NP$。

现在，不难看出，若 $P = NP$ 则 co-NP $=$ NP，因为现在

$$co\text{-}NP = co\text{-}P = P = NP$$

换句话说，如果能证明 co-NP $\neq$ NP，那么 $P \neq NP$。遗憾的是，co-NP $\overset{?}{=}$ NP 也是一个公开问题。

下面列举一些 co-NP 中的语言。

考虑合数问题：

$$\text{COMPOSITE} = \{N: N \text{ 是合数}\}$$

显然，COMPOSITE $\in$ NP。因为 N 是合数的一个证书就是 N 的一个因子，它显然短，而且验证显然在 PT 内可以完成。

素数问题：

$$\text{PRIME} = \{N: N \text{ 是素数}\}$$

是 COMPOSITE 的补语言，所以 PRIME $\in$ co-NP。

检查 PRIME 是否具有如上形式的判定器呢？给定 N，可以非确定性地猜测一个可能的因子 d，若 $d \nmid N$，则该分支接受，否则拒绝，那么

(1) 若 N 是素数，则所有分支都接受；

(2) 若 N 不是素数，则至少有一条分支拒绝。

确实如此。

另外一个例子需要回忆布尔(Boolean)变量和布尔表达式(Boolean formula)的概念。

布尔变量就是取值为 $\{0,1\}$ 的变量，而布尔表达式就是包含布尔变量和布尔运算"与($\wedge$)""或($\vee$)""非($\neg$)"的表达式，譬如：

$$\varphi(x_1, x_2, x_3) = (x_1 \wedge \overline{x_2}) \vee ((x_1 \wedge \overline{x_3}) \vee x_2)$$

就是一个有三个变量的布尔表达式。

任意一个布尔表达式都可以看作集合

$$\{(,), \wedge, \vee, x, \overline{x}, \text{下标 } 1, 2, 3, \cdots\}$$

中元素构成的有限长字符串。

对于一个布尔表达式 φ，如果对每个变量进行 0 或 1 赋值，那么表达式最终或 0 或 1，能够使得 $\varphi = 1$ 的赋值称为 φ 的满意赋值。如果 φ 有满意赋值，则称 φ 是可满足的。譬如，上面的布尔表达式就可满足，$x_1 = 1$，$x_2 = 0$，x_3 任意赋值就是它的一组满意赋值。

那么，给定 φ，它是否一定有满意赋值呢？或者说它是否可满足呢？这就是著名的满足问题，记作：

$$\text{SAT} = \{\varphi: \varphi \text{ 是一个可满足的布尔表达式}\}$$

显然 SAT $\in$ NP，因为 φ 可满足的一个证书就是 φ 的一组满意赋值，它只有 n 长，n 是 φ 的变量个数，显然是短的，而且验证它确实是 φ 的满意赋值只需要进行一些简单的(至多 $|\varphi|$ 个)"与或非"运算，显然在 PT 内可以完成。

SAT 的补语言是：

$$\overline{\text{SAT}} = \{\varphi: \varphi \text{ 不可满足}\}$$

φ 不可满足也就意味着 φ 是永假式。

由定义，有 $\overline{\text{SAT}} \in$ co-NP。

回到 co-NP $\overset{?}{=}$ NP 的问题，考虑一下 $\overline{\text{SAT}}$ 有没有可能在 NP 中呢？(等价于 SAT $\in$ co-NP 吗？)也就是说，φ 不可满足有没有短证书呢？这似乎不太可能，我们可以用所有赋值都不是 φ 的满意赋值来证明它不可满足，但这些赋值有指数多个，不会"短"。

事实上，SAT 这个语言在复杂性理论中具有非常特殊的地位，我们将看到：

$$\text{SAT} \in \text{co-NP} \text{ 当且仅当 co-NP} = \text{NP}$$

甚至更强地，有如下定理。

定理 3.10（cook-Levin 定理）　SAT∈P 当且仅当 P＝NP。

也就是说，SAT 作为 NP 中的一个具体语言实例，竟然能代表 NP 中的所有语言，这是为什么呢？为了回答这一问题，我们将在下一章引入 **NP 完全性**的概念。

习　　题

1. P 的封闭性：

(1) 假设语言 L_1，$L_2 \in$ P，证明：$L_1 \bigcap L_2$，$L_1 \bigcup L_2 \in$ P，即 P 在"$\bigcap$"和"$\bigcup$"运算下封闭。

(2) ★定义语言的连接运算如下：

$$L_1 \parallel L_2 = \{w_1 w_2 : w_1 \in L_1, w_2 \in L_2\}$$

证明：P 在"$\parallel$"下封闭。

（提示：输入某个 w，无法预知 w_1、w_2 的长度。）

(3) (1) 中结论对 NP 是否成立？

2. 对于任意的 $L \subseteq \Sigma^*$，定义其补为 $\overline{L} = \Sigma^* - L = \{w : w \notin L\}$，若 C 是一语言类，co-C 就是 C 中所有语言的补构成的类。

(1) 证明：P＝co-P。

(2) 对于任意的一个复杂性类 C，证明：若 $C \subseteq$ co-C，则必有 co-C $\subseteq$ C，从而 C＝co-C。（特别的，若 NP $\subseteq$ co-NP 或 co-NP $\subseteq$ NP，必有 NP＝co-NP。）

3. 假设语言 L_1，$L_2 \in$ NP $\bigcap$ co-NP，证明：$L_1 \bigoplus L_2 \in$ NP $\bigcap$ co-NP，其中：

$$L_1 \bigoplus L_2 = \{x : x \in L_1 \text{ 或 } L_2, \text{ 但 } x \notin L_1 \bigcap L_2\}$$

第 4 章　归约与 NP 完全性

4.1　历史背景

P 和 NP 问题最早由 Edmonds 在 1965 年提出。但是，现在这种简单的命名方式是之后由 Richard M. Karp 于 1972 年设计的。P 对 NP(P vs NP)问题的重要性直到 NP 完全性(NP Completeness，简记为 NPC)概念的引入才引起人们的注意。

NP 完全性的概念最早于 1971 年由加拿大多伦多大学的 Steven A. Cook 提出，他还证明了第一个自然的 NPC 问题：SAT。此后，Karp 进一步完善了该理论，证明了更多问题是 NPC 的。同一时期，前苏联的 Levin 也独立提出了 NPC 的定义，他关心的是查找问题。

事实上，早在 1956 年，Kurt Gödel 就意识到了 P 对 NP 问题的重要性，在当时他给 Von Neumann 的一封信中就问到了有关的问题，但是当时 Von Neumann 已经病的很厉害，不久就辞世了。这封信直到上个世纪 80 年代才被人发现(可见参考文献[19])。2012 年美国 NSA 揭秘了 1955 年 John Nash 与其来往的一些秘密信件，那时 Nash 为了寻求密码学根本，指出安全加密应满足敌手需要指数时间来穷举密钥，这其实就是今天的 $P \overset{?}{=} NP$ 问题参阅参考文献[20]和[21]。

简单地说，NPC 问题就是 NP 中最困难的问题。如何形式化"最困难"呢? 这需要引入归约的概念，它是计算理论中的一个重要概念，也是证明语言之间难度关系的一种重要方法。

4.2　归　约

归约(reduction)体现的是将一个问题化归为另一个问题的过程。一般来说，问题 Π_1 归约为问题 Π_2(Π_1 reduces to Π_2 或 Π_1 is reducible to Π_2[①])，如果将求解问题 Π_2 的程序作为子程序可以求解问题 Π_1。

Cook、Karp 和 Levin 在研究 NPC 时，采用了不同的归约定义，下面将分别介绍它们。

4.2.1　Cook 归约

定义 4.1(Cook 归约或 PT 的 Turing 归约)　从问题 Π_1 到问题 Π_2 的 Cook 归约是一

---

① 注意这里 reduce 是不及物动词，所以不使用被动语态。

个 PT 的 oracle TM(预言 TM),当它得到 Π_2 的 oracle 的回答时,可以求解 Π_1 的实例 x。如果 Π_1 到 Π_2 的 Cook 归约存在,则称 Π_1 Cook 归约为 Π_2,记作:$\Pi_1 \leqslant_T^P \Pi_2$,其中"T"是 Turing 的缩写,"P"表示 PT。

这里,oracle TM 的概念可以暂时理解为可以调用子程序的 TM,以后会给出它的形式化定义。现在,得到 oracle 的回答即为调用子程序,所以这里是说通过调用求解问题 Π_2 的子程序可以求解问题 Π_1。因为归约所体现的就是如何调用子程序求解问题的过程,所以用一个可以调用子程序的 TM 来模型化非常自然。需要注意的是调用的次数可以是多次,但是因为预言 TM 自身是 PT 的,所以它至多调用子程序多项式次。

$\Pi_1 \leqslant_T^P \Pi_2$ 表明:如果已知 Π_2 容易,即 PT 可解,那么 Π_1 也容易,因为 Cook 归约事实上给出一个至多多项式次地调用一个 PT 的子程序的 PT 求解算法,这个算法最终当然仍是 PT 的;反过来说,如果已知 Π_1 难,那么 Π_2 也一定难。因此,"$\leqslant_T^P$"将这两个问题的难度联系了起来,"$\leqslant$"可以看作 Π_1 的难度小于等于 Π_2 的。(注意,这里并不排除存在其他不用调用 Π_2 的子程序的更加有效地求解 Π_1 算法的可能性,所以只是"小于等于"。)

Cook 归约针对的是问题,而我们关心的判定问题(即语言)是特殊的计算问题。

定义 4.2($L_1 \leqslant_T^P L_2$) 语言 L_1 到 L_2 的 Cook 归约是一个 PT 的 oracle TMM_1,若 M_2 判定 L_2,则 $M_1^{M_2}$ 判定 L_1。

注:对 oracle TM,通常将调用的子程序放在右上角。

如果 $L_1 \leqslant_T^P L_2$,那么 L_2 容易则 L_1 也容易,这个特性称为 **P 在"$\leqslant_T^P$"下的封闭性**,具体如下:

断言 4.3 若 $L_1 \leqslant_T^P L_2$,且 $L_2 \in P$,则 $L_1 \in P$。

证明容易,这里不再给出。

但是,需要注意的是,NP 在"$\leqslant_T^P$"下未必封闭。事实上,当调用一个非确定性算法时,判定规则可能发生变化。考虑以下情况:假设 $L \in NP$,N 是 L 的 PT 的 NDTM 判定器。那么,显然存在一个 oracle TM,记作 $\overline{N}$,它判定 L 的补语言 $\overline{L}$。$\overline{N}$ 只要调用 N,输出与之相反的结果就可以判定 $\overline{L}$,即:

$$\overline{L} \leqslant_T^P L$$

但是,$\overline{L} \in co\text{-}NP$,所以此时的判定规则已发生变化。调用一次尚且可能发生这种情况,多次则可能发生更大的变化。事实上,

断言 4.4 NP=co-NP iff NP 在"$\leqslant_T^P$"下封闭。

"if"方向由刚才的考虑易于证明,"only if"方向请考虑若 $L_1 \leqslant_T^P L_2$,$L_2 \in NP$,而 NP=co-NP,那么 L_2 和 $\overline{L_2}$ 都有一个 PT 的 NDTM 判定器,通过合适地调用这两个判定器,可以构造仍然保持判定规则的 NDTM 判定 L_1。

具体证明作为一个练习,请读者自行完成。

因为 NP 在"$\leqslant_T^P$"下未必封闭,那么当 $L_1 \leqslant_T^P L_2$ 且 $L_2 \in NP$ 时,L_1 甚至可能不在 NP 中,从而它的难度与 L_2 的不能直接比较,为此,Karp 引入了更强的归约。

4.2.2 Karp 归约

NP 在"$\leqslant_T^P$"下未必封闭,即使调用一次 NDTM,也可能造成判定规则的改变,改变的

原因是可能取相反结果，所以 Karp 归约干脆只允许一次调用，并且保证结果不会取反。Karp 归约的具体定义涉及到一个多项式时间可计算的函数。

定义 4.5(PT 可计算函数) 函数 $f: \Sigma^* \to \Sigma^*$ 是 PT 可计算的，如果存在 PT 的 TM，当输入某个 x 时，它一定停机，且停机时带上的内容恰好是 $f(x)$。

定义 4.6(Karp 归约或多一(many-to-one)归约或映射(mapping)归约) 语言 L_1 到语言 L_2 的 Karp 归约是一个 PT 可计算函数 $f: \Sigma^* \to \Sigma^*$，它满足：

$$x \in L_1 \text{ iff } f(x) \in L_2$$

如果语言 L_1 到 L_2 的 Karp 归约存在，则称 L_1 可以 Karp 归约为 L_2，记作：$L_1 \leq_m^P L_2$，其中 "m" 表示 mapping，"P" 表示 PT。

Karp 归约可以实现两个语言实例的转化，而且保证 "iff" 成立。它确实比 Cook 归约强，即

断言 4.7 $L_1 \leq_m^P L_2 \Rightarrow L_1 \leq_T^P L_2$。

证明 若 $L_1 \leq_m^P L_2$，假设 $f: \Sigma^* \to \Sigma^*$ 是 L_1 到 L_2 的 Karp 归约。要证明 $L_1 \leq_T^P L_2$，只要构造一个 oracle TM M 来判定 L_1。输入 x，M 如下：

(1) 对 x 计算 $f(x)$；

(2) 向 L_2 的 oracle 询问 $f(x)$；

(3) 返回 oracle 的回答。

(1)是 PT 的，因为 f 是 PT 可计算的。(2)只是一次询问，其 time 只记 1 步，具体原因在学习了 oracle TM 的具体定义后就会明确。(3)的 time 也是 1，所以 M 确实是一个 PT 的 oracle TM，它只询问 oracle 一次。

另外，由 "iff"，M 显然判定 L_1。

现在考虑：NP 在 "$\leq_m^P$" 下一定封闭吗？确实如此。

断言 4.8 P 和 NP 在 "$\leq_m^P$" 下都封闭。

证明可参考前面的证明，具体作为一个练习。

4.2.3 Levin 归约

为了完整起见，这里给出 Levin 使用的归约定义。

上文已提及 Levin 对 NPC 问题的研究针对的是查找问题，更严格地说，针对的是二元关系。事实上，对于 NP 中的任何一个语言 L，假设 V 是 L 的 PT 验证器，L 都自然导出一个关系 R_L：

$$(x,c) \in R_L \text{ iff } V(x,c) \text{接受}$$

也就是说，若 c 是 $x \in L$ 的证书，则 (x,c) 就满足关系 R_L。

反过来，假设 R 是一个关系，它不仅可以自然导出一个语言：

$$L_R = \{x: \text{存在} c \text{使得} (x,c) \in R\}$$

而且还可以自然导出一个查找问题：

$$\Pi_R: \text{输入} x, \text{求} c, \text{使得} (x,c) \in R$$

对于关系，也有与 NP 语言类似的定义。

定义 4.9(多项式界定的关系) 称关系 R 是多项式界定的(polynomially bounded)，若

存在多项式 p, 使得: 若 $(x,c) \in R$, 则 $|c| \leqslant p(|x|)$, 且 R 是 PT 可验证的, 即: 存在 PT 的 TM 判定 (x,c) 是否满足关系 R(简记为 $(x,c) \overset{?}{\in} R$)。

注: R 的验证算法的输入是 (x,c), 所以其 time 关于 $|(x,c)|$ 是多项式, 但现在 $|c| \leqslant p(|x|)$, 所以关于 $|x|$ 也是多项式。

由定义易于看出: 对于多项式界定的关系 R, 若 $x \in L_R$, 则 x 必有短证书, 即: $L_R \in$ NP。请考虑: 如果 $L \in$ NP, 则 R_L 是否一定是多项式界定的呢? 答案是肯定的。所以多项式界定的关系事实上是对 NP 的一种扩展, 有时也将多项式界定的关系称为 **NP 关系**(也有部分书目称之为 P 关系, 本书不采用)。

Levin 归约不仅能够实现实例之间的转化, 还能实现证书之间的转化。

定义 4.10(Levin 归约)　关系 R_1 到 R_2 的 Levin 归约是 PT 可计算函数 f, g 和 h 构成的一个三元组, 满足:

(1) $x \in L_{R_1}$ iff $f(x) \in L_{R_2}$;

(2) $\forall (x,y) \in R_1$, $(f(x), g(x,y)) \in R_2$;

(3) $\forall (x,z)$, 若 $(f(x),z) \in R_2$, 则 $(x,h(x,z)) \in R_1$。

如果关系 R_1 到 R_2 的 Levin 归约存在, 则由(1)可得 $L_{R_1} \leqslant_m^P L_{R_2}$, 而且, 由(1)和(3)可得 $\Pi_{R_1} \leqslant_T^P \Pi_{R_2}$。所以 Levin 归约比 Cook、Karp 归约都强。

另外, 作为练习请证明:

断言 4.11　这三种归约都是可传递的。

虽然 Cook 归约用于定义完全性并不合适, 但是它对研究两个问题复杂性之间的关系仍然十分重要, 在个别习题和后面的内容中我们也将看到它的具体实例。为了简单起见, 后文也很少使用 Levin 归约。从现在开始我们使用简化的记号 "$\leqslant_P$" 来表示 Karp 归约, 简称**多项式时间的归约**。研究完全性这一概念时我们采用 Karp 归约。

4.3　NP 完全性

定义 4.12(NP 完全性)　语言 B 是 NP 完全的(NP-complete), 简记为 NPC 的, 若

(1) $B \in$ NP;

(2) $\forall A \in$ NP, $A \leqslant_P B$。

其中条件(2)称为 NP 困难性(NP-hardness), 且只满足条件(2)的语言称为 NP-hard 语言。

思考: 如果在该定义中使用 "$\leqslant_T^P$" 会出现什么结果呢? co-NP 中的所有语言也都可以归约到一个 NPC 问题!

NPC 问题是 NP 中最困难的问题, 如果我们知道如何有效地求解一个 NPC 问题, 即这个 NPC 问题易解, 那么 NP 中的任何问题都易解。即有:

断言 4.13　若 B 是 NPC 的, 且 $B \in$ P, 则 NP$=$P。

具体证明由 P 在 "$\leqslant_P$" 下的封闭性极易得出, 这里省略。

该断言为解决 P$\overset{?}{=}$NP 问题提供了一条思路: 我们只需致力于找出求解某个 NPC 问题

的 PT 的算法，如果能找到，则 NP＝P，如果能证明这样的算法不存在，则 NP ≠ P。也就是说任何 NPC 问题都可以作为 NP 的代表，由此，上一章末尾提及的 Cook-Levin 定理的等价表述就是：SAT 是 NPC 的。

稍后我们证明这个定理，这需要对 NP 中的任何语言给出一个它到 SAT 的多项式时间归约。这里特别指出，一旦我们已知一个 NPC 问题，再证明其他 NP 问题是 NPC 问题时，相对而言要容易些。因为：

断言 4.14　若 B 是 NPC 的，$B \leqslant_P C$，且 $C \in$ NP，则 C 也是 NPC 的。

也就是说，要证明 C 是 NPC 的，只要证明 $C \in$ NP 且 $B \leqslant_P C$（B 是某个 NPC 问题，且 C 比 B 还难）。

该断言的证明由"$\leqslant_P$"的传递性极容易给出，这里省略。

4.4　Cook-Levin 定理

现在我们来完成 Cook-Levin 定理的证明。事实上，SAT 是第一个被证明是 NPC 问题的自然语言[①]，所以这个证明非常重要。

定理 4.15（Cook-Levin 定理）　SAT 是 NP 完全的。

证明　我们已经证明 SAT $\in$ NP，所以这里只要证明 SAT 满足 NP-hardness，即：$\forall A \in$ NP，$A \leqslant_P$ SAT。这意味着：对于 A 的任意一个实例 w，需要构造一个布尔表达式 φ，使得

$$w \in A \text{ iff } \varphi \text{ 可满足}$$

因为 NP 中的问题可以是多种多样的，对任意 A 都要找到这样的构造方式，需要利用 A 的共性，即：$A \in$ NP，也就是说存在 PT 的 NDTM 判定器。

现在，假设 N 是 A 的 NDTM 判定器，其 time 为 n^k，k 是某个常数。那么，

$$w \in A \text{ iff 输入 } w \text{ 时 } N \text{ 至少有一条接受分支}$$

而

$$\varphi \text{ 可满足 iff } \varphi \text{ 至少有一组满意赋值}$$

所以，考虑将 φ 的满意赋值与 N 在 w 上的接收分支进行对应，使得 N 输入 w 时有接受分支 iff φ 有满意赋值。

因为 N 的每个计算分支都是格局的一个序列，考虑将该序列中所有的格局放入一张表中。首先注意到 N 的每个可能格局可以表示成 n^k+2 个符号的形式：n^k—time 的 N 至多耗费 n^k+1 的 space，而格局需要指明这 n^k+1 个方格的内容，还要再加上一个状态信息。在每个格局的两端加上"♯"（稍后会看到这样做的原因），那么 N 的每条计算分支就可以写成如图 4.1 格式的表，我们称为格局表。

表中第一行是 N 在 w 上的起始格局，每一行都是根据 N 的转移函数从上一行得到，

[①] 自然语言即能自然描述而非人为构造的语言。作为一个非自然 NPC 语言实例，请考虑

$$L = \{\langle N, x, \sharp^t \rangle : \text{NDTM} N \text{ 在 } t \text{ 步内接受 } x\}$$

该语言只能由 TM 描述，没有自然的描述方式。

因非确定性选择的不同而不同。对 N 的每条分支，该表至多 n^k 行，$n^k + 4$ 列。

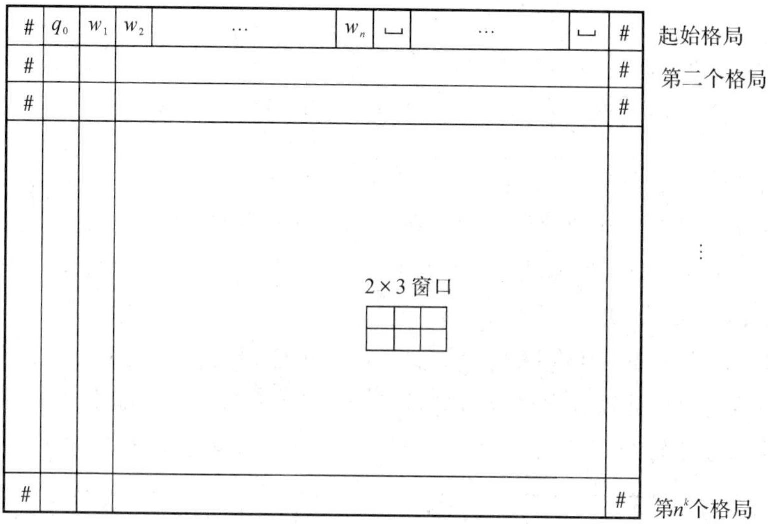

#	q_0	w_1	w_2		$\cdots$		w_n	⊔		$\cdots$		⊔	#	起始格局
#													#	第二个格局
#													#	

2×3 窗口

| # | | | | | | | | | | | | | # | 第 n^k 个格局 |

图 4.1　计算分支的格局表

下面，我们首先为 φ 引入变量：$x_{i,j,s}$，i 对应表的行信息，j 对应表的列信息，s 对应表中单元内的符号。若 Γ 是 N 的带上符号集，Q 是 N 的状态集，令集合 $C = \Gamma \cup Q \cup \{\#\}$，则 $s \in C$。变量 $x_{i,j,s} = 1$ 将意味着表中第 i 行、第 j 列的单元内的符号是 s。

因为 $1 \leqslant i \leqslant n^k$，$1 \leqslant j \leqslant n^k + 4$，而 C 的大小与输入 w 并无关系，所以 φ 的变量个数至多多项式个。

现在来构造 φ。φ 的满意赋值将对应 N 输入 w 时的接受分支。为此，φ 将由以下四部分的“$\wedge$”构成，即

$$\varphi = \varphi_{\text{cell}} \wedge \varphi_{\text{start}} \wedge \varphi_{\text{move}} \wedge \varphi_{\text{accept}}$$

上式中，各部分要表达的含义如下：

· φ_{cell}：每个单元内有且只有一个符号。

· φ_{start}：表对应的是 N 输入 w 开始的某个计算分支，即第一行是 N 输入 w 时的初始格局。

· φ_{move}：表对应的是 N 的某个合法计算分支，即每个格局都是由上一个格局按照 N 的状态转移函数合法转移得到。

· φ_{accept}：表对应的是 N 的一个接受计算分支，即某处带头的状态是 q_{accept}。

显然，若 N 输入 w 有接受分支，则对该分支对应的表格中出现的所有变量赋 1 值，其他赋 0 值，必然使得 φ 为真。反之，若 φ 有满意赋值，则该赋值必然使得 φ_{cell}、φ_{start}、φ_{move} 和 φ_{accept} 都为真，将那些赋值为 1 的变量按照 i、j 所指定的位置和 s 所指定的单元内符号填入上面的表中，则一定对应 N 输入 w 时的某个接受分支。所以，

$$w \in A \text{ iff } \varphi \text{ 可满足}$$

现在我们只要将这四个组成部分分别表示成布尔表达式的形式即可。其中 φ_{cell}、φ_{start} 和 φ_{accept} 比较容易写出，如下所列：

$$\varphi_{\text{cell}} = \bigwedge_{\substack{1\leqslant i\leqslant n^k \\ 1\leqslant j\leqslant n^k+4}} \Big[\underbrace{\big(\bigvee_{s\in C} x_{i,j,s}\big)}_{\text{每个单元都有符号}} \wedge \underbrace{\big(\bigwedge_{\substack{s,t\in C \\ s\neq t}} \overline{x_{i,j,s}\wedge x_{i,j,t}}\big)}_{\text{每个单元只有一个符号}} \Big]$$

$$\varphi_{\text{start}} = x_{1,1,\#} \wedge x_{1,2,q_0} \wedge x_{1,3,w_1} \wedge \cdots \wedge x_{1,n+2,w_n} \wedge x_{1,n+3,\,\sqcup} \cdots \wedge x_{1,n^k+3,\,\sqcup} \wedge x_{1,n^k+4,\#}$$

$$\varphi_{\text{accept}} = \bigvee_{\substack{1\leqslant i\leqslant n^k \\ 1\leqslant j\leqslant n^k+4}} x_{i,j,q_{\text{accept}}} \quad (\text{有一个单元的内容是 } q_{\text{accept}})$$

φ_{move} 比较难写出。φ_{move} 要保证表的每一行都由上一行合法得到。考虑相邻的两行，分别称为上格局和下格局。因为 TM 的动作只发生在局部，即带头所指向的位置附近，对于格局表来说，TM 的一步移动至多影响状态符号所处位置附近的三个方格的内容。为此考虑图 4.1 中的 2×3 窗口。

可能的 2×3 的窗口一共有 $|C|^6$ 个，这个数量可能很大，但它只是一个常数，与 w 是什么无关。但是在合法计算分支对应的格局表中，有些窗口是不可能出现的。譬如，图 4.2 所示的这些窗口就不符合 TM 的定义，这样的窗口我们称为无效窗口(invalid window)。

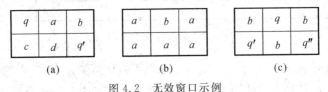

图 4.2　无效窗口示例

窗口(a)中，带头一次移动了两格。窗口(b)中，顶行中间的字符不会改变，因为没有状态与之相邻。窗口(c)中，底行出现了两个状态。

除了这些无效窗口，还有一些窗口不符合 N 的状态转移规则，这样的窗口称为非法窗口(illegal window)。譬如，如果 N 的状态转移规则只允许在状态 q 时将 b 改写为 c 或 d，状态转移为 q'，并且右移，那么图 4.3 所示的窗口(a)、(b)就是非法窗口。

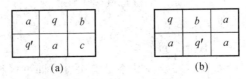

图 4.3　非法窗口示例

除了无效窗口和非法窗口外，剩下的窗口称为合法窗口(legal window)。

显然，如果一个格局表对应一个合法计算分支，则所有窗口都是合法的。下面将说明：如果一个格局表中的所有窗口都合法，则该格局表也一定对应一个 N 的合法计算分支。

考虑格局表中相邻的两行：上格局和下格局，如图 4.4 所示。

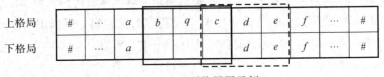

图 4.4　上、下格局图示例

因为现在所有可能的窗口中必有一个窗口，其上一行的中间是状态信息（两边加上

"♯"可以确保这一点成立），如图 4.4 中粗黑线标识的窗口。这个窗口的合法性将保证可能发生改变的三个单元的内容符合 N 的状态转移函数。而任何一个上一行无状态信息的窗口的合法性都将保证窗口中间的符号保持不变，如图 4.4 中虚线标识的窗口的合法性将保证 d 不变。最后两边窗口的合法性保证"♯"不变。

由此，表中所有窗口都合法，则下格局一定由上格局合法得到，从而该表一定对应一个合法计算分支。这样，φ_{move} 只要表明每一个 2×3 窗口都是合法的即可。

给定某个位置的窗口，如图 4.5 中的(a)，和某个合法窗口，如图 4.5 中的(b)。

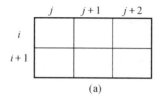
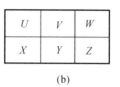

$$(a) \qquad\qquad\qquad (b)$$

图 4.5 某个窗口是合法窗口

此位置的窗口是该合法窗口，可以表示为

$$x_{i,j,U} \wedge x_{i,j+1,V} \wedge x_{i,j+2,W} \wedge x_{i+1,j,X} \wedge x_{i+1,j+1,Y} \wedge x_{i+1,j+2,Z}$$

而该窗口是合法窗口则可以表示为它是众多合法窗口中的某一个：

$$\bigvee_{\substack{\text{所有合法窗口}\\ UVW\,XYZ}} (x_{i,j,U} \wedge x_{i,j+1,V} \wedge x_{i,j+2,W} \wedge x_{i+1,j,X} \wedge x_{i+1,j+1,Y} \wedge x_{i+1,j+2,Z})$$

所以，

$$\varphi_{\text{move}} = \bigwedge_{\substack{1 \leqslant i \leqslant n^k-1 \\ 1 \leqslant j \leqslant n^k+4-2}} \left[\bigvee_{\substack{\text{所有合法窗口}\\ UVW\,XYZ}} (x_{i,j,U} \wedge x_{i,j+1,V} \wedge x_{i,j+2,W} \wedge x_{i+1,j,X} \wedge x_{i+1,j+1,Y} \wedge x_{i+1,j+2,Z}) \right]$$

现在，由 w 到 φ 的改写完成，"iff"也成立，只要再说明这个改写在 PT 内可以完成即可。

前面已经说明过，φ 的变量至多为多项式个（如果有指数多个，则 φ 必然为指数长），现在应注意 φ 的四个部分只有 φ_{start} 与 w 有关，由 w 写出 φ_{start} 是容易的，只需考察 φ_{start} 的长度，它显然为 $O(n^k)$ 长。（实际上，因为每个下标需要占用 $O(\log n)$ 的 space，所以应该是 $O(n^k) \times O(\log n)$ 长，但这至多是 $O(n^{k+1})$，不影响它是多项式这一事实。后面类似的情况不再重复说明。）其它三部分都与 w 无关，并且具有高度的重复性，因此写出它们的 time 只需考虑它们的长度。

φ_{cell} 中中括号内的公式长度固定，是一个常数，与 n 无关，所以 φ_{cell} 的长度为 $O(n^{2k})$。φ_{accept} 的长度显然也为 $O(n^{2k})$。φ_{move} 中小括号内的公式长度固定，中括号内的公式长度只与 N 自身有关，可能的合法窗口数因 N 不同而不同，可能很大，但至多为 $|C|^6$，与 n 无关。所以，φ_{move} 的长度也为 $O(n^{2k})$。

现在可以看出 φ 的总长是 $O(n^{2k})$，并且在 PT 内可以写出。　　　　□

思考： 以上方法中窗口大小的选择非常重要。窗口越小，φ_{move} 越短，试考虑更小的 2×2 窗口可行吗？如果窗口很大，如直接考虑完整的两行，即：上下格局，此时的窗口大小是 $2\times(n^k+4)$，又会怎样呢？

4.5 更多 NP 完全问题

SAT 是第一个被证明是 NPC 问题的自然问题,之后为证明某个问题是 NPC 问题,就可以通过将 SAT 归约为该问题来完成。下面将证明著名的三满足问题 3SAT 也是 NPC 问题。

为此,先介绍几个与布尔表达式相关的概念。

变元(literal):也称文字,变元与变量不同,譬如 x 和 $\bar{x}$ 都对应变量 x,但它们却是两个不同的变元。

子句(clause):也称基本和,是由"$\vee$"连接的一些变元,例如:
$$x_1 \vee \bar{x}_2 \vee \bar{x}_3 \vee x_4$$

合取范式(conjunctive normal form 简称 cnf):由"$\wedge$"连接的一些子句,例如:
$$(\bar{x}_1 \vee \bar{x}_2 \vee \bar{x}_3 \vee x_4) \wedge (\bar{x}_3 \vee x_5 \vee x_6) \wedge (\bar{x}_3 \vee x_4)$$

应当注意到,cnf 组合结构比较简单,为了满足一个 cnf,必须使得每个子句都满足,即每个子句中都至少有一个变元的赋值是 1。这会不会使得 cnf 的可满足性就容易判定呢?并非如此。

考虑 SAT 问题的一个变形:
$$\mathrm{SAT}_{\mathrm{cnf}} = \{\varphi : \varphi \text{ 是可满足的 cnf}\}$$

$\mathrm{SAT}_{\mathrm{cnf}}$ 也是 NPC 问题。显然,$\mathrm{SAT}_{\mathrm{cnf}} \in \mathrm{NP}$,而由 Cook-Levin 定理的证明,易于看出我们构造的 φ 可以容易地改写成 cnf 形式。φ 自身由"$\wedge$"连接四个部分,而 cnf 的"$\wedge$"显然还是 cnf,只要检查这四部分都可以写成 cnf 即可。对 φ_{cell},只要运用德·摩根定律,就已经是 cnf 了,φ_{start} 可以看作单变元作为子句的 cnf,$\varphi_{\mathrm{accept}}$ 自身就是一个子句,而 φ_{move} 也可以利用分配律改写成 cnf,尽管这会需要很多次地使用分配律,但是至多常数次,从而表达式的长度也至多增加常数倍。

注意,我们不能通过将一个布尔表达式改写为等价的 cnf 的方式直接证明
$$\mathrm{SAT} \leqslant_{\mathrm{P}} \mathrm{SAT}_{\mathrm{cnf}}$$
因为虽然每个布尔表达式都可以转化为等价的 cnf 形式,但是这个转化未必可以在 PT 内完成。

从现在开始,SAT 问题多数时候将指代 $\mathrm{SAT}_{\mathrm{cnf}}$ 问题,或者说我们不再区分这两个问题。

下面考虑一种特殊形式的 cnf。

3-cnf:每个子句恰好含有三个变元(这样的子句称为 3-clause)的 cnf,例如:
$$\varphi = (x_1 \vee \bar{x}_2 \vee \bar{x}_3) \wedge (\bar{x}_3 \vee \bar{x}_5 \vee x_6) \wedge (\bar{x}_3 \vee x_4 \vee x_5)$$

著名的 3SAT 问题就是判定语言:
$$3\mathrm{SAT} = \{\varphi : \varphi \text{ 是可满足的 3-cnf}\}$$

下面证明 3SAT 也是 NPC 问题。

定理 4.16 3SAT 是 NPC 问题。

证明 显然,$3\mathrm{SAT} \in \mathrm{NP}$,所以只需要证明 NP-hardness,这可以通过 $\mathrm{SAT} \leqslant_{\mathrm{P}} 3\mathrm{SAT}$ 证明。也就是说,任何 cnf 表达式 φ 都可以在多项式时间内改写为一个 3-cnf,记为 φ',并且使得

$$\varphi \text{可满足 iff } \varphi' \text{可满足}$$

若将 φ 的每个子句都改写成一系列 3-clause 的"$\wedge$",即 3-cnf 的形式,最终得到的必然也是一个 3-cnf。

假设 $\zeta = z_1 \vee z_2 \vee z_3 \cdots \vee z_k$ 是 φ 的某个子句,区分以下四种情况进行改写:

(1) 若 $k=1$,即 $\zeta = z$,则令 $\zeta' = z \vee z \vee z$;

(2) 若 $k=2$,即 $\zeta = z_1 \vee z_2$,则令 $\zeta' = z_1 \vee z_1 \vee z_2$;

(3) 若 $k=3$,即 $\zeta = z_1 \vee z_2 \vee z_3$,则令 $\zeta' = z_1 \vee z_2 \vee z_3$;

(4) 若 $k \geqslant 4$,则引入新的变量 $y_1, y_2, \cdots, y_{k-3}$,并令

$$\zeta' = (z_1 \vee z_2 \vee y_1) \wedge (\overline{y_1} \vee z_3 \vee y_2) \wedge (\overline{y_2} \vee z_4 \vee y_3) \wedge \cdots$$
$$\wedge (\overline{y_{k-4}} \vee z_{k-2} \vee y_{k-3}) \wedge (\overline{y_{k-3}} \vee z_{k-1} \vee z_k)$$

由 φ 到 φ' 的改写显然 PT(请自行确认这一点)。下面只要证明:

$$\varphi \text{可满足 iff } \varphi' \text{可满足}$$

"充分性":假设 φ' 可满足,要证 φ 也可满足,这可以用反证法。令

$$\varphi = \zeta_1 \wedge \zeta_2 \wedge \cdots$$
$$\varphi' = \zeta'_1 \wedge \zeta'_2 \wedge \cdots$$

现在假设 φ 不可满足,即在任意一组赋值下,至少存在一个

$$\zeta_i = z_1 \vee z_2 \vee z_3 \cdots \vee z_k = 0$$

也就是说 $z_j = 0$,$j = 1, \cdots, k$。但是,此时必有 $\zeta'_i = 0$,原因为:当 $k=1,2,3$ 时,这是显然的,当 $k \geqslant 4$ 时,如果 $\zeta'_i = 1$,则定有 $y_1 = 1$,从而 $y_2 = 1, \cdots, y_{k-3} = 1$,此时 ζ'_i 的最后一个 3-clause $\overline{y_{k-3}} \vee z_{k-1} \vee z_k$ 必为 0,从而 $\zeta'_i = 0$,矛盾!

因此,如果 φ 不可满足,那么 φ' 也不可满足。

"必要性":假设 φ 可满足,要证 φ' 也可满足,这只要为 φ' 找到一组满意赋值。

因为 φ 是可满足的,那么它的满意赋值必使得所有的子句都为 1,也就是说,对于每个 ζ_i,至少存在一个变元的赋值为 1。现在假设 ζ_i 中第一个赋值为 1 的变元是 z_{j_0},那么可以如下扩展这组赋值:

(1) 当 $j_0 = 1,2$ 时,令 $y_1 = y_2 = \cdots = y_{k-3} = 0$;

(2) 当 $j_0 \geqslant 3$ 时,令 $y_1 = y_2 = \cdots = y_{j_0 - 2} = 1$,$y_{j_0 - 1} = \cdots = y_{k-3} = 0$。

如此赋值必然使得每个 $\zeta'_i = 1$,从而 φ' 也满足。　　　　　　　　　　　□

因为 3-cnf 组合结构简单,所以 3SAT 问题在组合论、数理逻辑和人工智能等领域都有重要的用途。对于复杂性理论来说,由它出发也可以证明更多问题的 NP 完全性。下面举一个简单的例子:团问题,简记为 CLIQUE。

无向图 G 的 k-团(k-clique,团也称为完全子图)是 k 个顶点的集合,其中每对顶点之间都有边相连。例如图 4.6 中给出了一个无向图 G 和它的一个 5-团(加黑部分)。

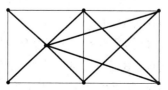

图 4.6　无向图 G 及 G 中的 5-团

团问题就是给定一个无向图 G，和一个参数 k，判定 G 中有无 k-团，用语言描述则如下：

$$\text{CLIQUE} = \{(G,k) : G \text{ 是一个无向图，} G \text{ 中有 } k\text{-团}\}$$

下面证明 CLIQUE 也是 NPC 问题。

定理 4.17　CLIQUE 是 NPC 问题。

证明　首先 CLIQUE $\in$ NP，这是因为 G 中的任意一个 k-团都是 $(G,k) \in$ CLIQUE 的证书，它显然"短"并且在 PT 内可以验证是否确是一个 k-团，这只要检查邻接矩阵中这 k 个顶点之间的边所对应的位置是否都是 1。

现在，只需证明 NP-hardness，这可以通过 3SAT $\leqslant_P$ CLIQUE 来证明。

假设 φ 是一个 3-cnf，我们需要在 PT 内将其改写为 CLIQUE 的实例 (G,k)，使得

$$\varphi \text{ 可满足 iff } G \text{ 有 } k\text{-团}$$

我们将看到这个 k 将正好是 φ 的子句个数。假设 φ 有 k 个子句，G 的构造如下：

(1) G 的顶点：φ 的每个子句中的三个变元构成一个顶点三元组，每个顶点对应一个变元。这样，G 一共有 $3k$ 个顶点。

(2) G 的边：连接每一对顶点，除非出现以下情况：

① 两个顶点来自同一个三元组；

② 两个顶点"互相矛盾"，如分别为 x 和 $\bar{x}$。

例如，假设 $\varphi = (x_1 \lor x_1 \lor x_2) \land (\bar{x}_1 \lor \bar{x}_2 \lor \bar{x}_2) \land (\bar{x}_1 \lor x_2 \lor x_2)$，则由该 φ 构造的图 G 如图 4.7 所示。

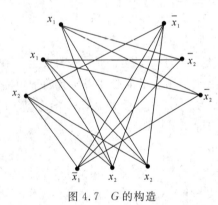

图 4.7　G 的构造

G 可由 φ 在 PT 内改写得到，因为现在 φ 的长度是 $3k$，而 G 的顶点也是 $3k$，邻接矩阵的规模只是 $(3k)^2$。

下面证明：φ 有满意赋值 iff G 有 k-团。

"必要性"：假设 φ 有满意赋值，那么对于该赋值，φ 的每个子句中至少有一个变元的值为 1。在 G 的每个顶点三元组中，选择一个赋值为 1 的顶点，共选 k 个，则这 k 个顶点必构成一个 k-团，因为这些顶点都在不同的三元组中，而且不可能同时选中矛盾的 x 和 $\bar{x}$，它们的赋值不可能同时为 1，由 G 的构造规则，这 k 个顶点之间都有边相连。

"充分性"：假设 G 有 k-团，那么在该 k-团中，任意两个顶点都不会来自同一个顶点三元组，现在对 φ 的每个变元赋值，只要使得这 k 个顶点对应的变元赋 1 值，注意这不会出

现矛盾，因为 x 和 $\bar{x}$ 不可能同时出现在该 k-团中，再对其他变元在不矛盾的前提下任意赋值，譬如全 1，则这组赋值一定是 φ 的满意赋值，因为每个子句在这组赋值下都是 1。　□

请检查，在图 4.7 中找到一个 3-团，对这 3 个顶点对应变元赋 1 值，其他任意，则必然得到 φ 的一组满意赋值。

4.6　其他 NPC 问题

目前已经证明是 NP 完全的问题有几千多个，下面列举一些比较著名的，但是不再给出证明。

（1）哈密尔顿路径问题：

HAMPATH＝{(G,s,t)：有向图 G 中从 s 到 t 有 Hamilton 路径}

当 $s=t$ 时，该问题称为哈密尔顿回路问题 HAMCIRCLE。前面已经证明过 HAM-PATH∈NP，事实上这两个问题都是 NPC 的。

（2）子集合问题 SUBSET-SUM：

假设 S 是一个集合，$S=\{x_1,x_2,\cdots,x_n\}$，其中每个 x_i 都是正整数且可以相同，t 是一个目标数。子集合问题就是给定 (S,t) 要判定 S 是否存在一个子集 S'，S' 中的元素之和恰好等于 t。即

SUBSET-SUM＝{(S,t)：集合 S 中存在元素之和恰为 t 的子集}

（3）顶点覆盖问题 VERTEX-COVER：

假设 $G=(V,E)$ 是一个无向图，V 是 G 的顶点集，E 是 G 的边集，G 的顶点覆盖是 V 的一个子集 V'，V' 满足对于任意的边 $(u,v)\in E$ 都有 $u\in V'$ 或 $v\in V'$。V' 中的顶点个数称为 V' 的大小。

VERTEX-COVER＝{(G,k)：G 有大小为 k 的顶点覆盖}

（4）集合覆盖问题 SET-COVER：

假设 $S=\{x_1,x_2,\cdots,x_n\}$ 是一个集合，S 的覆盖是集合 $C=\{C_1,C_2,\cdots,C_k\}$，其中每个 C_j 都是 S 的子集，并且满足对于任意的 $x_i\in S$ 都存在 $C_j\in C$ 使得 $x_i\in C_j$。k 称为覆盖的大小。

SET-COVER＝{(S,k)：S 有大小为 k 的覆盖}

（5）旅行商问题 TSP(Travelling Salesman Problem)：

也称货郎担问题。某货郎带着货物从本地出发开始卖货，他希望能够经过每个城市并以最少的花销回到出发地。这实际上是一个加权无向图的问题，图中每条边都有权值，此处为从一个城市到另一个城市的花销，要求寻找一条经过每个城市并且花销最少的路径。这是一个查找问题，可以通过设定一个花销目标 t，将其改写为等价的判定问题。

（6）三着色问题 3-COLOR：

给定无向图 G，要求判定是否可以只用三种颜色对各顶点着色使得相邻顶点的着色各不相同。

迄今为止，对众多的 NPC 问题都没有找到 PT 的求解算法，这使得人们越来越相信"穷举"似乎不可避免，即 P≠NP。

但是，需要指出的是，很多 NPC 问题的求解都来自实际需要，譬如 TSP，它在公交车调度和零件加工等行业都有需求。现在我们知道它的求解是困难的，花销最小的路径难找，那么实际中可以降低解的质量，寻找一条合理且花销较小的路径。基于这一考虑，近似解（approximate solution）也成为复杂性理论的一个很有意义的研究分支。

NPC 问题极可能是难解的，那么一个问题被证明是 NPC 问题似乎带给我们的是坏消息。幸运的是，密码学是一个需要困难问题的学科，困难问题将为密码方案的安全性提供一定的保障。基于 NPC 问题构造密码方案似乎是一个非常有希望的方向。但是在密码学研究历史中，最早的一个基于 NPC 问题构造的方案已经以失败告终，即基于背包（knapsack）问题的 Merkle-Hellman 背包体制以及之后的一系列改进，它们均被攻破。

背包问题是子集合问题的一个扩展，这里只以简单的子集合问题为例加以说明。虽然子集合问题是 NPC 问题，但鉴于复杂性的度量是最坏情况下的，所以这不表明所有子集合问题的实例都难解，譬如**超递增背包**就是易解的。

如果集合 S 中的所有数都由小到大排列，那么超递增背包满足：

$$x_i > \sum_{j=1}^{i-1} x_j, \ i=1,\cdots,n$$

对超递增背包可以采用**贪心算法**：假设目标是 t，

（1）在 $x_1,x_2,\cdots,x_n$ 中寻找最后一个比 t 小的数，记为 x_{i_0}，将它放入 S' 中（因为更大的数都已经超出目标 t，所以不能放入 S'，而所有更小的数之和又比 x_{i_0} 小，如果不将 x_{i_0} 放入就不可能达到目标 t）。

（2）令新的目标为 $t-x_{i_0}$，在其余数中寻找最后一个比 $t-x_{i_0}$ 小的数，记为 x_{i_1}，将它放入 S' 中。

（3）以此类推，直到对某个 x_i，$t-x_{i_0}-x_{i_1}-\cdots=x_i$，则将 x_i 放入 S' 中并接受，如果直到 x_1，$t-x_{i_0}-x_{i_1}\cdots \neq x_1$ 则拒绝。

例如 $S=\{1,2,5,11,20\}$ 是一个超递增背包，若 $t=14$，可首先放入 11，再放入 2，最后放入 1，并接受。

由此，最坏情况（worst case）下难解并不表明任一实例（all-case）都困难，甚至不能表明多数实例（most-case）困难或实例是平均困难（average-case）的。正是因为这样，Merkle-Hellman 背包体制才被攻破，由此看来密码学中需要的至少是具有平均困难性的困难问题，这又为计算复杂性理论提出了一个新的研究方向——平均困难性。

一般来说，平均困难性较难研究，可以考虑问题的期望复杂性等，密码学中经常采用随机自归约特性（random self-reduciblity）来说明问题是平均困难的，这会在后面讲述密码学与计算复杂性理论的关系的章节中介绍。

习　　题

1. 证明：如果存在一个语言 $L \in NP$，使得对所有的 $L' \in NP$，有 $\overline{L'} \leqslant_m^P L$，则 NP = co-NP。

（提示：先证如果 $L \in NP$，$L' \leqslant_m^P L$，则 $L' \in NP$。）

2. 证明：如果 P＝NP，那么除了空语言 Φ 和全语言 Σ^*，任何语言 $A\in P$ 都是 NPC 的。（提示：考虑一种具体情况，$A=\{0\}$，显然 $A\in P$，而 NPC 的要求是什么？）

3. 我们知道 CLIQUE 是 NP 完全的，但是请证明：

$$\text{TRIANGLE}=\{G: G \text{ 是一个有 3-团的无向图}\}\in P$$

并且 3 换作任意固定的 k，记作 CLIQUE_k，同样的结论都成立。

4. 令

$$\text{DOUBLE-SAT}=\{\varphi: \varphi \text{ 是 cnf 表达式，且 } \varphi \text{ 至少有两组满意赋值}\}$$

证明：DOUBLE-SAT 是 NP 完全的。

（提示：$\forall \varphi$，考虑 $\varphi'=\varphi \wedge (y_1 \vee y_2)$。）

5.（SAT 的一个变形）

（1）考虑以下布尔表达式：

$$\alpha(x_1,\cdots,x_k)=(x_1 \vee \overline{x}_2) \wedge (x_2 \vee \overline{x}_3) \wedge \cdots \wedge (x_{k-1} \vee \overline{x}_k) \wedge (x_k \vee \overline{x}_1)$$

证明：赋值 $A(x_i)$ 是 α 的满意赋值当且仅当对所有 i，$A(x_i)=1$，或对所有 i，$A(x_i)=0$。

（2）令 3-SAT$'$ 为具有如下特征的布尔表达式 φ 构成的语言：

① φ 的每个 clause 只有 2 或 3 个变元。

② 每个变量至多出现 3 次。

证明：3-SAT$'$ 是 NP 完全的。

（提示：通过 3-SAT $\leqslant_P$ 3-SAT$'$ 证明。若 φ 是一个 3-cnf，x 是其任意一个变量，若 x 出现 m 次，则将 x 的每一次出现替换为新的变量 $y_1,y_2,\cdots,y_m$，并通过 $\alpha(y_1,\cdots,y_m)$ 使得对 $y_1,\cdots,y_m$ 的赋值全部相同。）

6.（3-SAT 的一个变形）　假设 φ 是一个 3-cnf 表达式，φ 的一个 NAE(not-all-equal)赋值是指：每个 clause 中有两个变元的赋值不同，也就是说 NAE 赋值是不会对 φ 的任何 clause 的三个变元全部赋 1 或全部赋 0 的满意赋值。

（1）证明任何 NAE 赋值的非也是 NAE 赋值。

（2）令

$$\text{NAE-3SAT} = \{\varphi: \varphi \text{ 是 3-cnf，且 } \varphi \text{ 有 NAE 赋值}\}$$

证明：NAE-3SAT 是 NP 完全的。（通过 3SAT $\leqslant_P$ NAE-3SAT）

（提示：每个 clause $C_i=(y_1 \vee y_2 \vee y_3)$ 可以替换为 $(y_1 \vee y_2 \vee z_i) \wedge (\overline{z}_i \vee y_3 \vee b)$。对每个 C_i 引入新变量 z_i 和 b，对不同的 C_i，b 相同，但 z_i 不同，可令 b 的赋值总为 0。）

第5章 关于P和NP的更多知识

5.1 查找与判定：NPC问题的自归约特性

重新回到判定与查找问题的话题。考虑：

$$\mathrm{SAT} = \{\varphi : \varphi \text{ 是一个可满足的布尔表达式}\}$$

实际中我们往往不仅想知道 φ 的满意赋值是否存在，而且想确切地找到满意赋值。如果知道存在却找不到又有多少用处呢？

只考虑判定问题的一个重要原因是：如果我们解决了这些问题，通常也能解决相应的查找问题，即它们"通常是等价的"。我们马上就会看到，对于NPC问题确实如此。

如果能有效求解查找问题，那么相应的判定一定也容易。譬如，如果能找到 φ 的一组满意赋值，当然就能判定 φ 有无满意赋值。也就是说，

$$\mathrm{Decision} \leqslant_T^P \mathrm{Search}$$

这个方向是平凡的，但是，反过来呢？即

$$\mathrm{Search} \leqslant_T^P \mathrm{Decision}?$$

如果某个语言满足这个特性，我们就称这个语言满足**自归约特性**（self-reducibility），或这个语言是自归约的。

NPC语言都具有自归约特性，下面先研究几个具体的实例。

5.1.1 SAT的自归约特性

SAT的查找问题 $\mathrm{SAT}_{\mathrm{search}}$ 定义如下：给定 φ，若可满足，则求 φ 的一组满意赋值，否则输出"⊥"（表示无解的特殊符号）。

如果SAT可以有效判定，能否有效（PT内）求出满意赋值呢？如果能，那么对SAT，查找问题可以归约为判定问题，也即SAT满足自归约特性。

因为已经证明了SAT是NPC的，SAT可以有效判定的可能性不大，所以我们只能假设有一个oracle或者一个魔术盒（magic box）可以判定SAT了。记这个魔术盒为 $\mathrm{MB}_{\mathrm{SAT}}$，那么对于任意的 φ，

$$\mathrm{MB}_{\mathrm{SAT}}(\varphi) = \begin{cases} 1, & \text{若 } \varphi \in \mathrm{SAT} \\ 0, & \text{若 } \varphi \notin \mathrm{SAT} \end{cases}$$

现在考虑如何利用 $\mathrm{MB}_{\mathrm{SAT}}$ 求解SAT的查找问题。我们可以将 $\mathrm{MB}_{\mathrm{SAT}}$ 看作子程序，对任意的 φ 都可以调用它进行判定，并且不追究其time，即视其返回答案的time为1。并且，可以多次调用 $\mathrm{MB}_{\mathrm{SAT}}$，只要保证PT。

为了说明算法原理，我们考虑以下例子：

$$\varphi(x_1, x_2, x_3, x_4) = (x_1 \vee \overline{x_2}) \wedge (\overline{x_1} \vee x_2 \vee x_3) \wedge (\overline{x_3} \vee x_4)$$

要找出 φ 的一组满意赋值，首先调用 MB_SAT 回答 φ 是否可满足，若 $\text{MB}_\text{SAT}(\varphi)=0$，则直接输出"$\perp$"即可；若 $\text{MB}_\text{SAT}(\varphi)=1$，又如何求出满意赋值呢？

考虑如下 φ_0 和 φ_1，它们都比 φ 少一个变量：

$$\varphi_0 = \varphi(0, x_2, x_3, x_4) = (0 \vee \overline{x_2}) \wedge (1 \vee x_2 \vee x_3) \wedge (\overline{x_3} \vee x_4)$$
$$= \overline{x_2} \wedge (\overline{x_3} \vee x_4)$$
$$\varphi_1 = \varphi(1, x_2, x_3, x_4) = (1 \vee \overline{x_2}) \wedge (0 \vee x_2 \vee x_3) \wedge (\overline{x_3} \vee x_4)$$
$$= (x_2 \vee x_3) \wedge (\overline{x_3} \vee x_4)$$

φ_0 和 φ_1 中至少有一个是可满足的，否则 φ 一定不可满足。现在可以调用 MB_SAT 回答 φ_0 是否可满足，若 $\text{MB}_\text{SAT}(\varphi_0)=1$，则令 $x_0 = 0$，否则令 $x_0 = 1$。以此类推，可以一个接一个地找到变量的赋值，最终使得 φ 满足。

断言 5.1　给定 SAT 判定问题的一个 oracle MB_SAT，SAT 查找问题 PT 可解。$(\text{SAT}_\text{search} \leqslant^\text{P}_\text{T} \text{SAT})$

证明　只要给出一个算法，给定 MB_SAT 和输入 φ，若 φ 可满足，则输出 φ 的一组满意赋值，否则输出"$\perp$"。

假设 φ 有 n 个变量，$b_1, b_2, \cdots, b_n$ 是 n 个比特，即 $b_i \in \{0,1\}$。令 φ_{b_1} 是 φ 中取 $x_1 = b_1$，φ_{b_1, b_2} 是 φ 中取 $x_1 = b_1$，$x_2 = b_2$ ……直到 $\varphi_{b_1, b_2, \cdots, b_n}$，它是 0 个变量的布尔表达式，或为 0 或为 1。

为了描述简洁，我们以伪代码的形式给出该算法：

If $\text{MB}_\text{SAT}(\varphi) = 0$, then output "$\perp$"

Else for $i = 1, \cdots, n$

　　If $\text{MB}_\text{SAT}(\varphi_{b_1, b_2, \cdots, b_{i-1}}, 0) = 1$ then let $b_i = 0$ else let $b_i = 1$

Output $b_1, b_2, \cdots, b_n$

检查算法的 time：除第一次外，每次调用 MB_SAT 都会确定一个变量的赋值，所以至多 $n+1$ 次调用 MB_SAT，其他都是简单操作，所以显然是 PT 的。　□

5.1.2　CLIQUE 的自归约特性

现在假设有一个 oracle MB_CLIQUE 可以判定 CLIQUE，即给定 (G, k)，

$$\text{MB}_\text{CLIQUE}(G, k) = \begin{cases} 1, & \text{若无向图 } G \text{ 中有 } k\text{-团} \\ 0, & \text{否则} \end{cases}$$

如何求出一个 k-团呢？

考虑图 4.6 中的例子，假设 $k = 5$，我们需要找到一个 5-团。为此，考虑将顶点 1 以及与之相连的所有边都去掉，剩余的部分还有 5-团吗？答案是有，所以这样做不会影响是否有 5-团。如果继续将顶点 2 以及与之相连的所有边也都去掉？答案是没有，那么这个顶点需要保留。对所有顶点做这样的处理之后，最后必然正好剩下一个 5-团。

断言 5.2　给定 CLIQUE 判定问题的一个 oracle MB_CLIQUE，CLIQUE 查找问题 PT 可解。$(\text{CLIQUE}_\text{search} \leqslant^\text{P}_\text{T} \text{ClIQUE})$

证明　假设图 $G = (V, E)$，$V = \{v_1, v_2, \cdots, v_n\}$ 是 G 的所有顶点之集，E 是 G 的所有边

之集。令 $G\backslash v_i$ 表示在 G 中去掉顶点 v_i 及与之相连的所有边之后的图。给定 (G,k) 和 MB_{CLIQUE}，求解 CLIQUE 查找问题的算法如下：

If $MB_{CLIQUE}(G,k)=0$ then output $\perp$

Else for $i=1,2,\cdots,n$

   If $MB_{CLIQUE}(G\backslash v_i,k)=1$ then $G\leftarrow G\backslash v_i$

Output G

算法的 time：每轮只需要做一些简单操作，且至多 $n+1$ 次调用 MB_{CLIQUE}，所以显然 PT。 □

5.1.3 NPC 问题都满足自归约特性

现在考虑 NPC 问题是否都是自归约的。严格说来，自归约是对关系定义的。

回忆一下，每个二元关系都自然导出一个判定问题和一个查找问题。假设 R 是一个二元关系，则由 R 导出的判定问题和查找问题分别是：

$$L_R：L_R=\{x：存在证书 w，使得 (x,w)\in R\}$$
$$\Pi_R：给定 x，查找证书 w，使得 (x,w)\in R$$

定义 5.3（自归约） 称关系 R 是自归约的，若 $\Pi_R\leqslant_T^P L_R$。

所有 NPC 问题都满足自归约特性可以严格表述为：

定理 5.4 对任何多项式界定的二元关系 R，若 L_R 是 NPC 的，则 R 是自归约的。

要证明该定理，需要两个事实：

(1) R_{SAT} 是自归约的。这一点我们已经证明。

(2) R_{SAT} 在 Levin 归约下是 NP-hard 的。这需要扩展 Cook-Levin 定理的证明，实现证书之间的转换。仔细观察 Cook-Levin 定理的证明，因为接受分支与满意赋值的对应关系，不难看出这一点。但是具体的证明需要引入 Levin 的工作，而他的工作针对的是布尔电路的可满足性，还要涉及电路到布尔表达式的改写，所以这里不作介绍，可以参阅参考文献[5]。

我们下面只探讨一下为什么 L_R 必须是 NPC 的。

对于任意的多项式界定的关系 R，既然 R_{SAT} 在 Levin 归约下 NP-hard，那么 R 都可以 Levin 归约为 R_{SAT}，记该归约为函数三元组 (f,g,h)。

现在给定 Π_R 的一个实例 x，我们可以用 f 将其转换为 SAT 的实例 $f(x)$，之后只要为 $f(x)$ 找到证书，记为 z，就可以再利用 h 将其转换为 x 的证书 $h(x,z)$ 了。

由 R_{SAT} 是自归约的，为 $f(x)$ 找到证书是容易的。这是否说明只要 R 是多项式界定的，R 就一定是自归约的呢？

并非如此。事实上，在寻找 x 的证书时，只给定了判定 L_R 的 oracle，而容易找到 $f(x)$ 的证书的前提是给定判定 SAT 的 oracle MB_{SAT}。如果 L_R 是 NPC 的，则可由 L_R 的 oracle 构造 MB_{SAT}。

因为现在 $SAT\leqslant_P L_R$，记该归约为 f'，则如果在为 $f(x)$ 寻找证书的过程中询问到 $MB_{SAT}(y)$，则可以将 $f'(y)$ 提交给 L_R 的 oracle 并返回答案，由"iff"能保证回答的正确性。

NP 完全问题的自归约特性使得我们只需致力于求解判定问题，如果解决了判定问题，相应的查找问题也迎刃而解。这也是为什么我们只定义 NP 完全的语言而很少说 NP 完全的查找问题的原因。

人们相信 NP 中并非所有的语言都满足自归约特性，当然这是在 P≠NP 的前提下（否则 NP 中的所有语言，除了空语言 Φ 和全语言 Σ* 外，都将是 NPC 的，见上一章习题）。

考虑一下，P 中的语言是否也都满足自归约特性呢？

举例来说，PATH$_{search}$≤$_P$ PATH 吗？可以对每个顶点尝试去掉该顶点之后 G 中从 s 到 t 是否还有路，利用 PATH 的 oracle 来判定这一点，如果还有路就保留，否则去掉，最终必然剩下 s 到 t 的一条路径。

如果 PATH 可以作为 P 类的代表，那么 P 中的语言也可能都满足自归约特性。遗憾的是 PATH 恐怕不能代表 P 类！这在第七章定义了 P **完全性** 之后，可以再来验证。

再举一例，COMPOSITE，它自然对应的查找问题是 FACTORING。本世纪初的一个重要成果是证明了 COMPOSITE 的补语言 PRIME∈P（后面会专门介绍），这表明 COMPOSITE∈P，但是分解大整数却是公认的困难问题，因此 COMPOSITE 不太可能满足自归约特性。

注意，前面我们提到过任何查找问题都有一个与之等价的判定问题，因此我们只研究判定问题。譬如习题中我们为 FACTORING 找到了等价的判定问题。但此处不同，自归约关心的是自然对应的查找和判定问题的等价性，与 FACTORING 自然对应的判定问题是 COMPOSITE，这与习题中给出的并不相同。事实上，这里说明了 FACTORING 与它自然对应的判定问题 COMPOSITE 的困难性可能并不等价。

5.2　NPI 语言

P⊆NP，所以 NP 中有易解问题，NPC 问题是 NP 中最困难的问题，而且 NP 中几乎所有不能证明属于 P 的语言都被证明是 NPC 的，那么 NP 中有没有语言，其难度介于 P 和 NPC 之间呢？Ladner 定理将告诉我们只要 P≠NP，这样的语言就存在，我们称之为 NPI（NP-intermediate）语言。

定理 5.5（Ladner 定理）　假设 P≠NP，则存在语言 A，A∉P，但 A∈NP，且 A 不是 NPC 的。

该定理的证明比较复杂，需要构造一个特殊的、很不自然的语言 A。

一般来说，要想证明一个语言属于 NPI 是困难的，既要证明它不属于 P，还要证明它不是 NPC 的。我们知道如何证明一个语言属于 P，只要为它构造一个 PT 的判定器。也知道应如何证明一个语言是 NPC 的，只要找到它到某个 NPC 问题的 PT 归约。但是现在需要对 A 证明不存在这样的判定器和归约，这需要学习一种新的证明方法——对角化方法，下一章将介绍这种方法。

那么，NPI 中是否有自然的语言实例呢？目前，人们猜想密码学中涉及的一些著名困难问题可能在 NPI 中，譬如 FACTORING，离散对数问题等，除此之外，还有图或代数结构的同构问题。

如果 P≠NP，那么 NP 中的语言按照难度就可以分成三层，如图 5.1 所示。

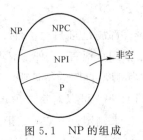

图 5.1　NP 的组成

5.3　P vs NP

多数人相信 P≠NP，但是 P 中确实有些问题与某些 NPC 问题吊人胃口地相似，这又使人们不得不产生怀疑。下面给出几个例子。

5.3.1　哈密尔顿回路 vs 欧拉回路

前面介绍过哈密尔顿（Hamilton）路径问题

$$\text{HAMPATH}=\{(G,s,t)\text{：有向图 }G\text{ 中从 }s\text{ 到 }t\text{ 有哈密尔顿路径}\}$$

是 NPC 的。哈密尔顿路径是经过每个顶点且只经过一次的路径，当 $s=t$ 时，哈密尔顿路径就是一个回路或圈（circuit or cycle），称为哈密尔顿回路。哈密尔顿回路问题

$$\text{HAMCIRCUIT}=\{G\text{：有向图 }G\text{ 中有哈密尔顿回路}\}$$

也是 NPC 的。

欧拉（Euler）回路是经过每条边且只经过一次的回路，这与哈密尔顿回路似乎非常相似。但是，由图论的知识很容易证明

$$\text{EULERCIRCUIT}=\{G\text{：有向图 }G\text{ 中有欧拉回路}\}\in P$$

欧拉回路问题起源于哥尼斯堡七桥问题：17 世纪的东普鲁士有一座哥尼斯堡城，城中有一座奈佛夫岛，普雷格尔河的两条支流环绕其旁，并将整个城市分成岛区、南区、北区和东区，全城共有 7 座桥连接各个区，如图 5.2 所示。问是否可能从某区出发走遍七桥回到出发点，并且只经过每座桥一次？

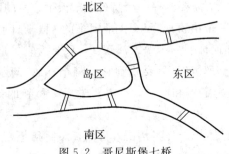

图 5.2　哥尼斯堡七桥

当时备受该问题困扰的哥尼斯堡大学的学生给欧拉写了一封信请求他的帮助。1736年，欧拉解决了这一问题，答案是不可能。事实上，欧拉由此建立了当今图论的基础，并给出了一个一般性的结论：

定理 5.6　有向图 G 有欧拉回路当且仅当每个顶点的出度等于入度。

由邻接矩阵，每个顶点的出度和入度易得，而对于哥尼斯堡七桥问题，可以将岛区、南区、北区和东区抽象为顶点 A、B、C、D，各桥抽象为边，得到图 5.3。

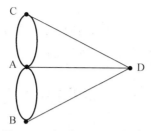

图 5.3　哥尼斯堡七桥抽象图

由于图 5.3 中每个顶点都有奇数条边与之相连，每条边或出或入，出度必然不等于入度，所以一定没有欧拉回路。

判定一个图是否有欧拉回路容易，但判定是否有哈密尔顿回路就困难，这使得人们不得不怀疑是不是我们还没有建立合适的数学理论来判定后者。

5.3.2　三色 vs 四色

考虑图的着色问题，前面介绍过三着色问题是 NPC 问题，由此很容易证明当 $k \geqslant 3$ 时，k-COLOR 都是 NPC 问题。

但是，如果 G 是平面(planar)地图，且符合一定合理条件时，一定可以用四种颜色着色使得相邻顶点颜色各不相同。这事实上是著名的四色问题，而这个结论则是第一个通过计算机的辅助获得证明的定理，它也说明了四色问题在 P 中。

但是，即使是对平面地图，三着色也是 NPC 问题。因为涉及到的概念较多，对此我们不展开叙述，仅作参考。

5.3.3　3SAT vs 2SAT

3SAT 是 NPC 的，如果我们类似定义

$$2SAT = \{\varphi : \varphi \text{ 是可满足的 2-cnf}\}$$

我们将证明 $2SAT \in P$。

这可以用一种较直观的方法给出，其原理如下：

给定 2-cnfφ，对 φ 的每个变量 x，注意到：

(1) 若 φ 有 clause $x \vee x$(或 $\bar{x} \vee \bar{x}$)，则为使 φ 满足，对 x 赋 1(或 0)，若这两个 clause 同时出现，φ 必不可满足，则直接拒绝。

(2) 若 φ 的所有 clause 中只出现 x，则对 x 赋 1，相反，若只出现 $\bar{x}$，则对 x 赋 0。

(3) 若 x 和 $\bar{x}$ 都出现，譬如存在 clause $x \vee y$ 和 $\bar{x} \vee z$，则注意到

$$(x \vee y) \wedge (\bar{x} \vee z) \text{可满足 iff } y \vee z \text{ 可满足}$$

此时可以将相关的 clause 进行两两合并，直至最后只剩下 x 或 $\bar{x}$，去掉重复的 clause 再做与(2)相同的处理即可。

这样就可以消掉变量 x，对每个变量重复上述过程即可判定 φ 是否可满足。请读者自行验证这个算法是 PT 的。

下面将给出另外一种算法，它技巧性较强，但在后面探讨 space 章节的习题中需要用到，并且也能作为 Turing 归约的一个很好实例，即：通过 2SAT $\leqslant_T^P$ PATH 和 P 在 "$\leqslant_T^P$" 下的封闭性得出 2SAT $\in$ P。

假设 φ 是 2SAT 的任意一个实例，为 φ 构造有向图 $G(\varphi)$ 如下：

(1) $G(\varphi)$ 的顶点：φ 的所有可能变元，即所有的 x 和 $\bar{x}$。假设 φ 有 n 个变量，则 $G(\varphi)$ 就有 $2n$ 个顶点；

(2) $G(\varphi)$ 的边：φ 的每个 clause$(\alpha \vee \beta)$ 给出 $G(\varphi)$ 的两条边：$\bar{\alpha} \to \beta$ 和 $\bar{\beta} \to \alpha$，这里我们用 "$\to$" 表示边。

譬如，若 $\varphi = (x_1 \vee x_2) \wedge (x_1 \vee \bar{x}_3) \wedge (\bar{x}_1 \vee x_2) \wedge (x_2 \vee x_3)$，那么 $G(\varphi)$ 如图 5.4 所示。

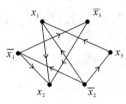

图 5.4　$G(\varphi)$ 示例

对于 $G(\varphi)$ 应注意到：

1° $\alpha \to \beta$ 存在 iff $\bar{\beta} \to \bar{\alpha}$ 存在。（它们都对应 clause $\bar{\alpha} \vee \beta$。）

如果我们用 "$\rightsquigarrow$" 表示路径，那么上述可以延伸为

$$\alpha \rightsquigarrow \beta \text{ 存在 iff } \bar{\beta} \rightsquigarrow \bar{\alpha} \text{ 存在}$$

2° 边相当于 "蕴含 ($\Rightarrow$)"。蕴含关系的真值表如表 5.1 所示。

表 5.1　蕴含关系真值表

p	q	$p \Rightarrow q$
0	0	1
0	1	1
1	0	0
1	1	1

现在比较 $\alpha \vee \beta$、$\bar{\alpha} \to \beta$ 和 $\bar{\beta} \to \alpha$ 的真值，如表 5.2 所示，可以看到它们的真值完全相同。

表 5.2　边相当于蕴含

α	β	$\alpha \vee \beta$	$\bar{\alpha} \Rightarrow \beta$	$\bar{\beta} \Rightarrow \alpha$
0	0	0	0	0
0	1	1	1	1
1	0	1	1	1
1	1	1	1	1

由此，一个 2-clause 被满足 iff 相对应的两条边视为 "$\Rightarrow$" 被满足，即

这两条边都不会从 1 到 0(简记为 1→0)

假设 $T(x)$ 为所有顶点赋 0/1 值,则

$$T(x) \text{ 是 } \varphi \text{ 的满意赋值 iff 所有 clause 被满足}$$

即

$$G(\varphi) \text{ 中所有的边都不会 } 1{\to}0$$

反之,若 φ 不可满足呢?必然是无论如何赋值,$G(\varphi)$ 中都有 1→0 的边。事实上,有如下定理:

定理 5.7 φ 不可满足当且仅当存在一个变量 x,在 $G(\varphi)$ 中,从 x 到 $\overline{x}$ 和从 $\overline{x}$ 到 x 都有路径(简记为 $x \rightsquigarrow \overline{x}$ 且 $\overline{x} \rightsquigarrow x$)。

这个定理的一个直接推论就是:

推论 5.8 $2\text{SAT} \in \text{P}$。

证明 给定 2SAT 的实例 φ,先构造 $G(\varphi)$,再对每个 x 运行 $\text{PATH}(G(\varphi), x, \overline{x})$ 和 $\text{PATH}(G(\varphi), \overline{x}, x)$,这里我们直接用 PATH 来表示判定 PATH 的 PT 算法。

只要存在一个 x,$\text{PATH}(G(\varphi), x, \overline{x})$ 和 $\text{PATH}(G(\varphi), \overline{x}, x)$ 都接受,就说明 $\varphi \notin 2\text{SAT}$,直接拒绝即可,否则接受。

该算法至多 $2n$ 次调用 PATH,而 $\text{PATH} \in \text{P}$,由 φ 构造 $G(\varphi)$ 也显然在 PT 内可以完成,所以整个算法是 PT 的。 □

回顾 Cook 归约的定义,这个推论事实上说明 $2\text{SAT} \leqslant_{\text{T}}^{\text{P}} \text{PATH}$。

下面我们证明定理 5.7。

证明 首先证明充分性。假设存在 x,$x \rightsquigarrow \overline{x}$ 且 $\overline{x} \rightsquigarrow x$,那么

• 若 $T(x)=1$,从而 $T(\overline{x})=0$,则在 $x \rightsquigarrow \overline{x}$ 上至少有一条边是 1→0,由 1°,T 不是 φ 的满意赋值;

• 若 $T(x)=0$,从而 $T(\overline{x})=1$,则在 $\overline{x} \rightsquigarrow x$ 上至少有一条边是 1→0,T 也不是满意赋值。

所以,φ 不可满足。

其次,证明必要性。这只要证如果对每个 x,$x \rightsquigarrow \overline{x}$ 和 $\overline{x} \rightsquigarrow x$ 不同时存在,则 φ 一定可满足。事实上,此时可以如下构造 φ 的一组满意赋值,只要保证没有 1→0 的边即可:

• 一开始所有顶点尚未赋值,之后重复以下操作。

• 选一个尚未赋值的顶点 α,且 $\alpha \not\rightsquigarrow \overline{\alpha}$。注意现在对于任意的 x,x 和 $\overline{x}$ 至少有一个满足该条件,这确保了这样的 α 是可以选到的。

• 对 α 赋真值 1,并对所有 α 可以到达的顶点也赋 1 值,这些顶点的非赋 0 值,即 x 和 $\overline{x}$ 总是同时获得赋值。

现在检查该过程不会导致矛盾:

• 若对某个 β,$\alpha \rightsquigarrow \beta$,且 $\alpha \rightsquigarrow \overline{\beta}$,则对 β 的赋值就会出现矛盾。但是,如果 $\alpha \rightsquigarrow \overline{\beta}$,那么由 1°,必有 $\beta \rightsquigarrow \overline{\alpha}$,从而 $\alpha \rightsquigarrow \overline{\beta} \rightsquigarrow \overline{\alpha}$,这与 α 的选择矛盾!

• 若存在某个 β,$\alpha \rightsquigarrow \beta$,此时应对 β 赋 1 值,但如果 β 在更早的过程中已经赋值,则可能导致对 β 的赋值矛盾。

① 如果 β 已赋 0 值,那么 $\overline{\beta}=1$,也就是说存在更早的 α',$\alpha' \rightsquigarrow \overline{\beta}$,那么由 $\alpha \rightsquigarrow \beta$ 和 1°,

有 $\bar{\beta} \rightsquigarrow \bar{\alpha}$，从而 $\alpha' \rightsquigarrow \bar{\beta} \rightsquigarrow \bar{\alpha}$，这样 α 和 $\bar{\alpha}$ 必定在 α' 这一轮或更早的过程中已赋值，这又与 α 的选择矛盾！

② 如果 β 已赋 1 值，不会产生矛盾。

重复上述过程直至所有顶点都获得赋值，这至多需要 n 轮，因为每轮至少增加一对顶点的赋值，最后可以获得一个没有 $1 \rightarrow 0$ 的边的赋值，因为如果一个顶点的赋值是 1，则相继的顶点都是 1，由 2° 知它是 φ 的满意赋值。 □

对前面给出的 φ 和 $G(\varphi)$ 的实例，试着用这种方法给出一组满意赋值。

5.4 Oracle TM——相对化

想象一个可以无偿获得某些计算的世界，这些无偿获得的计算我们可以看作是通过询问预言机（oracle）获得。

语言 L 的 oracle 是一个"黑盒"，记作 O，当输入 x 时，它直接输出 yes 或 no 来表明 $x \in L$ 还是 $x \notin L$。也就是说，O 是 L 的判定器，且它的 time 为 1。

现在我们就可以考虑这样的问题：假设 L 可以无偿判定，其 oracle 是 O，那么相对于 L，哪些问题容易？哪些问题难呢？如果此时语言 A 易于判定（简写为 A^O 易解），则 A 不比 L 难，或者 A 相对 L 是容易的。若 A^O 难解，则 A 可能比 L 难。

因为这样得到的结论都是相对的，所以相关的研究结果称为相对化（relativazation）。相对化曾被认为是解决 $P \overset{?}{=} NP$ 问题的可能途径，但是失败了。

之前我们将询问 oracle 看作是调用子程序，本节我们将对 TM 给出 oracle 的形式化定义。

具有语言 L 的 oracle O 的 TM 有两条带：一条（一般的）工作带和一条特殊的"询问"带，控制器有读写头分别指向这两条带，转移函数允许在两条带上同时读写和移动，即：每条转移规则形为

$$(q, a_1, a_2) \rightarrow (q', a_1', a_2', d_1, d_2)$$

另外，它还有三个特殊状态：询问状态 $q_?$ 以及回答状态 q_{yes} 和 q_{no}，当控制器的状态是 $q_?$ 时，只能转移为 q_{yes} 或 q_{no}，具体是哪一个取决于当前询问带上的串是否属于 L，此时带上不发生改写，带头也不移动，也就是说在上述转移规则中，如果 $q = q_?$，则 $q' = q_{yes}$ 或 q_{no}，$a_1' = a_1$，$a_2' = a_2$，并且 $d_1 = d_2 = $ 'Stayput'。

由定义可以看出每次询问都只需一步得到回答，即 O 的 time 只为 1。

为了指明 oracle TM 具体可以询问的 oracle，通常将 O 放在右上角上。为了简单明确，我们将直接用 L 来表示语言 L 的 oracle。

对于 oracle TM，可以定义相对化复杂性类，譬如考虑 P^L 和 NP^L。这些类会因为 L 自身的难度而有所不同。

如果 L 过于平凡，那么这个 oracle 不会有什么帮助，譬如：

（1）如果 $L = \Phi$ 或 Σ^*，则 $P^L = P$。既然此时所有询问的回答都一致，干脆不询问自己回答，每次也只需要 1 步。（同理，$NP^L = NP$。）

（2）如果 $L \in P$，则也有 $P^L = P$。因为 PT 的 oracle TM 至多进行多项式次询问，而且每

次询问至多多项式长，所以每次询问自己计算并回答也只需要 PT，而多项式次询问都自己计算也还是 PT 的。

如果 L 是某个困难问题，那么它的 oracle 可能有很大帮助。譬如，

（3）如果 L 是 NPC 语言 SAT，则 $\mathrm{NP} \subseteq \mathrm{P^{SAT}}$。

因为对于任意的语言 $A \in \mathrm{NP}$，$A \leqslant_\mathrm{P} \mathrm{SAT}$，记该归约为 f，那么为判定 $x \overset{?}{\in} A$，可以首先计算 $f(x)$，再向 SAT 的 oracle 询问 $f(x) \overset{?}{\in} \mathrm{SAT}$，若回答是 yes 则接受，否则拒绝。这显然是一个 PT 的 oracle TM。

注意，这里只询问一次就可以判定 NP 中的任何问题，如果询问多次，并且每次询问还可以根据之前的询问和得到的结果进行调整，即适应性（adaptive）询问，那么就可能可以判定更多的语言。因此 $\mathrm{P^{SAT}}$ 可能比 NP 大，$\mathrm{NP^{SAT}}$ 就可能更大。事实上，它们分别是多项式分层（polynomial hierarchy）中第二层的复杂性类 Δ_2 和 Σ_2，详见第 11 章。

$\mathrm{NP^{SAT}}$ 中又会有怎样的语言呢？考虑非极小布尔表达式 NON-MIN 这个问题。

每个 Boolean 表达式都有很多等价的表达式，所谓等价，是指在任意一组赋值下它们的真值都相等。极小 Boolean 表达式是所有等价表达式中长度最短的。非极小布尔表达式问题即为判定语言

$$\mathrm{NON\text{-}MIN} = \{\varphi : \varphi \text{ 不是极小布尔表达式}\}$$

问：$\mathrm{NON\text{-}MIN} \in \mathrm{NP}$ 吗？φ 不是极小布尔表达式的可能证书是一个更短的与之等价的 φ'，虽然 φ' 更短，但还要证明 φ' 与 φ 等价，而这似乎没有短的证书。所以，答案很可能是否定的。

但是，如果有 SAT 的 oracle，等价性就很容易证明了。

断言 5.9　$\mathrm{NON\text{-}MIN} \in \mathrm{NP^{SAT}}$。

证明　要判定 $\varphi \overset{?}{\in} \mathrm{NON\text{-}MIN}$，只要非确定性地猜测一个更短的 φ'，然后向 SAT 的 oracle 询问

$$(\varphi' \vee \overline{\varphi}) \wedge (\overline{\varphi'} \vee \varphi)$$

是否可满足。注意这个表达式等价于 $\varphi \oplus \varphi'$，它不可满足将意味着 φ' 与 φ 等价。现在：

（i）若 oracle 返回 no，则该分支接受，因为 φ 有更短的等价表达式 φ'，它确实不是极小 Boolean 表达式。

（ii）若 oracle 返回 yes，则该分支拒绝。

显然，若 φ 不是极小 Boolean 表达式，即 $\varphi \in \mathrm{NON\text{-}MIN}$，则至少有一个分支会接受，反之，所有分支都拒绝。该 NDTM 算法判定 NON-MIN，且显然 PT。　□

下面考虑对 P^L 和 NP^L 的研究对解决 $\mathrm{P} \overset{?}{=} \mathrm{NP}$ 会有什么帮助呢？

（4）如果 $\forall L$ 都有 $\mathrm{P}^L = \mathrm{NP}^L$，则必有 $\mathrm{P} = \mathrm{NP}$。因为当 $L = \Phi$ 或 Σ^* 时这个结论也成立。同理，如果 $\forall L$ 都有 $\mathrm{P}^L \neq \mathrm{NP}^L$，则必有 $\mathrm{P} \neq \mathrm{NP}$。

人们曾一度认为这为解决 $\mathrm{P} \overset{?}{=} \mathrm{NP}$ 提供了一条可能的途径，但是下面的两个定理使得这两个方向的希望都破灭了。

定理 A　存在 oracle A，使得 $\mathrm{P}^A \neq \mathrm{NP}^A$。

定理 B 存在 oracle B，使得 $P^B = NP^B$。

要证明定理 A，需要学习对角化方法。要证明定理 B，需要学习空间复杂性类的知识。

这两条定理说明 $P \overset{?}{=} NP$ 的证明不太可能使用常规方法解决，这在某种程度上体现了 $P \overset{?}{=} NP$ 问题的困难性。试想：如果可以找到一种方法只付出多项式级的代价模拟 NDTM，从而 $P = NP$，那么为什么这种方法对 oracle TM 不成立呢？另一方面，通常可以采用对角化方法分开两个复杂性类，但是如果这样可以分开 P 和 NP，那么这个方法又为什么对相对化复杂性类不成立呢？

习　　题

1. 令语言：

$$\text{Exact-CLIQUE} = \{(G, k) : \text{图 } G \text{ 中最大的团是 } k\text{-团}\}$$

证明：$\text{Exact-CLIQUE} \in P^{SAT}$。

2. 给定布尔函数 $f : \{0, 1\}^l \to \{0, 1\}$，可以利用真值表将其编码为一个长度为 2^l 的字符串 x（即：$x_i = f(i)$）。考虑最小电路问题：

$$\text{MIN-CIRCUIT} = \{(x, s) : \text{计算 } x \text{ 所编码函数的最小布尔电路规模是 } s\}$$

证明：$\text{MIN-CIRCUIT} \in P^{SAT}$。

（提示：考虑其补语言，并注意因为 x 的长度是 2^l，所以穷举所有可能赋值验证某电路是否计算 f 是 PT 的。）

第6章　对角化方法

对角化方法起源于 Cantor 证明实数之集不可数,对于复杂性理论,这种方法能够有效地分开两个复杂性类,是证明两个复杂性类不相等的常用的方法。

6.1　对角化方法与不可判定问题的存在性

6.1.1　可数集与对角化方法

首先介绍**可数集**的概念。

定义 6.1(可数集)　集合 S 是**可数**的(countable)或可列的(enumerable),若 S 中的元素可以与自然数 $\mathbb{N}=\{1,2,3,\cdots\}$ 建立一一对应。也就是说,S 中的元素可以"列表(list)"或者"枚举(enumerate)"为:$s_1,s_2,s_3,\cdots$,从而 S 中每个元素最终都会出现在该列表中。

例如,有限集都是可数集,有些无限集也可数,譬如整数集 $\mathbb{Z}$,有理数集。需要注意的是

$$\cdots,-3,-2,-1,0,1,2,3,\cdots$$

不是 $\mathbb{Z}$ 的枚举,因为没有与 1 对应的元素。

$$0,1,2,3,\cdots,-1,-2,-3,\cdots$$

也不是 $\mathbb{Z}$ 的枚举,因为 -1 不对应任何的 $k\in\mathbb{N}$。一种正确的枚举方式是:

$$0,1,-1,2,-2,3,-3,\cdots$$

至于有理数集的枚举只要注意到每个有理数都可以写成分数的形式就很容易给出一种枚举(请尝试)。

有一些无限集是不可数的,譬如无理数集和实数集。

定理 6.2(Cantor 1900)　实数集 $\mathbb{R}$ 之子集 $\{x: 0<x<1, x\in\mathbb{R}\}$ 不可数。

证明　该集合中的数 x 都满足 $0<x<1$,即都可以写作 0 到 1 之间的小数形式。现在假设该集合可数,这意味着存在一种方式可以枚举其中的所有数(写作小数的形式):

第 1 个数:　$0.a_1a_2a_3\cdots$

第 2 个数:　$0.b_1b_2b_3\cdots$

第 3 个数:　$0.c_1c_2c_3\cdots$

$\cdots\cdots$

选择 $a\neq a_1$,$b\neq b_2$,$c\neq c_3$,$\cdots$,并令 $y=0.abc\cdots$。显然 y 不同于该枚举中的任何数:与第 k 个数在小数点后第 k 位不同,即:y 不在上面的枚举中。但是,y 仍是 0 到 1 之间的实数,所以只能是这个枚举不完全,即该集合不可数。　□

因为证明中构造的 y 是在对角线位置上与其它数不同，所以这种证明方法称为**对角化方法**。

对于可数集，易于证明以下两个简单定理：

定理 6.3 假设集合 S 可数，则存在一种枚举 t_1，t_2，t_3，…，使得每个 t_k 都是 S 中的元素，并且 S 中每个元素在该枚举中出现无穷多次。

证明 假设 $s_1,s_2,s_3,s_4,$…是 S 的一个枚举，并且 S 中的每个元素在该枚举中只出现一次。

观察图 6.1 中的二维格，沿着图中标识的"蛇形"路线由箭头方向可得 $t_1,t_2,t_3,$…，显然，每个 s_i 都会出现无穷多次。 □

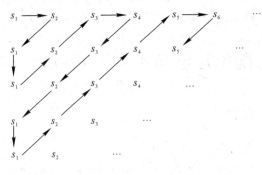

图 6.1 蛇形枚举

这个定理乍看之下似乎毫无意义，但它表明我们可以用一个非常冗余（redundant）的方式枚举一个可数集：每一个元素都可以在足够靠后的位置再次出现，这在后面证明某些定理时将会非常有用。

定理 6.4 假设 E 是可数字符集，则 $E^* = \bigcup_{n=0}^{\infty} E^n$ 也可数。

证明 （1）若 E 为有限集。令 E^n 表示 n 长字符串之集，则 $E^0 = \varnothing$，E^1，E^2，…都是有限集，所以可数，均可按照字典序枚举。此时 $E^* = \bigcup_{n=0}^{\infty} E^n$ 也可数，可以先枚举 0 长串（E^0），再枚举 1 长串（E^1），再枚举 2 长串（E^2）……

（2）若 E 为无限集。因为每个 E^i 都是无限集，所以上述枚举 E^* 的方法不可行。但是每个 E^i 仍然可数，譬如：可按"下标和"递增的顺序并结合字典序进行枚举。

现在假设：

$$E^1 \text{ 的枚举为：} a_1 a_2 a_3 a_4 \cdots,$$
$$E^2 \text{ 的枚举为：} b_1 b_2 b_3 b_4 \cdots,$$
$$E^3 \text{ 的枚举为：} c_1 c_2 c_3 c_4 \cdots,$$
$$\cdots\cdots$$

则可以将它们类似写成图 6.1 中二维格的形式，按照"蛇形"路线即可枚举出 E^*。 □

这个定理也很简单，但是由它可以得出不可判定问题的存在性，这是可计算性理论的一个非常著名的结果。

6.1.2 不可判定问题的存在性

由定理 6.4，可以得出以下结论：

推论 6.5　所有 TM 构成的集合可数，可枚举为 M_1，M_2，M_3，…。

证明　（对 TM 进行编码）TM 由状态转移规则 δ 确定，而 δ 由有限条形为 $(q,a) \rightarrow (q',a',d)$ 的状态转移规则构成。将每条状态转移规则记作一个五元组 $qaq'a'd$，再将所有的状态转移规则写成一个序列，则每个 TM 的状态有限：$\{q_0, q_1, q_2, \cdots, q_N\}$，可令 q_0 为 q_{accept}，q_1 为 q_{reject}，带上符号有限：$\{x_0, x_1, x_2, \cdots, x_M\}$，将 d 的两种可能也编入其中，譬如令 $x_0 = L$，$x_1 = R$，所以 δ 最终是集合：

$$C = \{q_0, q_1, q_2, \cdots, q_N\} \bigcup \{x_0, x_1, x_2, \cdots, x_M\}$$

上的有限长字符串。

虽然每个 TM 的 C 可能不同，但是可以对 C 进行编码（譬如编码到字母表 Σ 上，特别地 $\Sigma = \{0, 1\}$），就可以得到 TM 的编码。（稍后给出一种简单的 $0 - 1$ 编码方式）。

这样，每个 TM 都可以编码为某个 Σ 上的有限长字符串，由定理 6.4，Σ^* 可数，所以所有 TM 构成的集合作为 Σ^* 的一个子集当然也可数，只要在 Σ^* 的枚举中去掉非 TM 编码的字符串，即可得到所有 TM 的枚举。　□

下面给出对 TM 的一种 $0 - 1$ 编码，说明上述证明中所说的编码是可行的。

现在 $\Sigma = \{0, 1\}$，假设某条状态转移规则为

$$(q_h, a_i) \rightarrow (q_j, a_k, d_l)$$

则可以用"1"作为分隔符将五元组的各个元素分开，将其编码为

$$0^{h+1} \quad 1 \quad 0^{i+1} \quad 1 \quad 0^{j+1} \quad 1 \quad 0^{k+1} \quad 1 \quad 0^{l+1}$$

其中 $h = 2, \cdots, N$，i、$k = 2, \cdots, M$，$j = 0, 1, \cdots, N$，$d_l = x_0$ 或 x_1。

注意，虽然对状态和带上符号等都采用 0 串进行编码，但因为五元组中各个元素有特殊含义，所以这个编码不会有歧义。譬如：第一个一定是当前状态，现在由 0 的个数知道是 $\{q_0, q_1, q_2, \cdots, q_N\}$ 中的第 $h+1$ 个，第二个一定是当前读到的符号，由 0 的个数知道是 $\{x_0, x_1, x_2, \cdots, x_M\}$ 中的第 $i+1$ 个……

若 M 的转态转移函数有 m 条规则，假设第 n 条转移规则按照上述规则的编码为 $code_n$，则可用"11"做分隔符将各个转移规则分开，从而将 M 编码为

$$code_1 \, 11 \, code_2 \, 11 \cdots 11 \, code_m \, 11$$

当然，TM 的编码方式不唯一，特别地，在 M 的编码后加上 10^*（即一个 1 和一个任意长的 0 串）还是它自身（并没有增加有效的转移规则）。现在开始我们用 $\langle M \rangle$ 来表示 M 的编码，并令 $\langle M \rangle 10^*$ 仍为 M 的编码，只是长度更长，后面证明分层定理时会用到这一点。

所有 TM 构成的集合可数，那么所有语言构成的集合是否可数呢？答案是否定的，因此有下面的推论 6.6。

推论 6.6　存在 TM 不可识别的语言。

为证明该推论，首先引入语言的**特征序列**的概念。

假设 $\Sigma^* = \{s_1, s_2, s_3, \cdots\}$，对 Σ 上的语言 A，定义它的特征序列 χ_A 为一个无限长比特串 $b_1 b_2 b_3 \cdots$，其中：

$$b_i = \begin{cases} 1, & s_i \in A \\ 0, & s_i \notin A \end{cases}$$

例如，假设 $\Sigma = \{0, 1\}$，$A = \{以"0"始的字符串\}$，那么

$$\Sigma^* = \{\phi, 0, 1, 00, 01, 10, 11, 000, 001, 010, \cdots\}$$
$$A = \{\quad 0, \quad 00, 01, \qquad 000, 001, 010, \cdots\}$$
$$\chi_A = \ 0 \ 1 \ 0 \ 1 \ \ 1 \ \ 1 \ 0 \ 0 \ 1 \ \ 1 \ \ 1 \ \cdots$$

不同的语言显然有不同的特征序列,所以语言与其特征序列一一对应,而特征序列是无限长的比特串,用对角化方法极易证明所有无限长比特串构成的集合是不可数的,记这个集合为 B。

证明 只要证明所有语言构成的集合不可数,因为这样一来,语言的个数比 TM 的个数多,因此一定有 TM 无法识别的语言。

假设 $\mathbb{L}$ 是某个字母表 Σ 上所有语言构成的集合(如果某个语言的字母表并非 Σ,可将其编码到 Σ 上),只要给出 $\mathbb{L}$ 和上述 B 之间的一个一一对应 f,就能说明 $\mathbb{L}$ 不可数。

只要令 $f(A) = \chi_A$,则 f 显然是双射。所以,$\mathbb{L}$ 不可数。 □

因为不可识别的语言一定不可判定,所以不可判定的语言也一定存在。下面介绍一个著名的不可判定问题:**停机问题**。事实上,TM 的模型正是 Turing 当年为了证明停机问题不可判定而顺带提出来的。

6.1.3 停机问题不可判定

停机问题可以表述为语言:
$$A_{TM} = \{\langle M, w \rangle : M \text{ 是一个 TM,且 } M \text{ 接受 } w\}$$

给定 $\langle M, w \rangle$,要判定 M 是否会接受 w 的一个直观方法就是模拟 M 在 w 上的运行,因为已知 $\langle M \rangle$(其中包含了状态转移函数中的所有规则),所以模拟容易,M 接受 w 时就接受,M 不接受 w 时,若 M 拒绝 w 则可以直接拒绝,但是如果 M 陷入 loop,则模拟也陷入 loop[①]。

由此可见 A_{TM} 可识别,但能否判定呢?问题的关键是能否判定 M 在 w 上 loop,或者说是否存在一个通用的算法可以判定某个 M 在某个输入 w 上一定会停机?这也是我们称这个问题为停机问题的原因。下面的定理表明这样的算法不存在。

定理 6.7 A_{TM} 不可判定。

证明 假设 A_{TM} 可以判定,H 是其判定器,即
$$H(\langle M, w \rangle) = \begin{cases} \text{接受}, & \text{若 } M \text{ 接受 } w \\ \text{拒绝}, & \text{若 } M \text{ 不接受 } w \end{cases}$$

现在构造一个新的 TM D,它以 H 作为子程序:

$D =$ 对输入 $\langle M \rangle$,其中 M 是一个 TM:

① 运行 $H(\langle M, \langle M \rangle \rangle)$,

② 输出与 H 相反的结果

即 D 只关心 M 在输入是其自身编码时的运行结果:
$$D(\langle M \rangle) = \begin{cases} \text{接受}, & \text{若 } M \text{ 不接受 } \langle M \rangle \\ \text{拒绝}, & \text{若 } M \text{ 接受 } \langle M \rangle \end{cases}$$

---

① 注意这个算法是一个可以输入 TM 的 TM,所以是通用 TM 的一个例子。

那么

$$D(\langle D\rangle)=\begin{cases}\text{接受,}&\text{若 }D\text{ 不接受}\langle D\rangle\\\text{拒绝,}&\text{若 }D\text{ 接受}\langle D\rangle\end{cases}$$

矛盾！无论 D 得出什么结论，D 都被迫做出相反的结论。这样的 D 不存在，而 D 只是调用 H 输出相反结论，所以只能是 H 不存在。　　　　　　　　　　　　　　　　　　□

这个证明可能看起来有些怪，事实上它使用了对角化方法，具体体现如下：将所有 TM M_1，M_2，M_3，…沿列方向排列，将它们的编码 $\langle M_1\rangle$，$\langle M_2\rangle$，$\langle M_3\rangle$，…沿行方向排列，假设 M_1，M_2，M_3 在它们自身的编码上的运行结果如下，其中"——"表示 loop：

	$\langle M_1\rangle$	$\langle M_2\rangle$	$\langle M_3\rangle$	$\langle M_4\rangle$	…
M_1	accept	——	accept	accept	…
M_2	——	accept	reject	——	…
M_3	reject	reject	reject	reject	…
M_4	accept	——	accept	accept	…
⋮	⋮	⋮	⋮	⋮	⋮

则 H 对应的运行结果应为

	$\langle M_1\rangle$	$\langle M_2\rangle$	$\langle M_3\rangle$	$\langle M_4\rangle$	…
M_1	accept	reject	accept	accept	…
M_2	reject	accept	reject	reject	…
M_3	reject	reject	reject	reject	…
M_4	accept	reject	accept	accept	…
⋮	⋮	⋮	⋮	⋮	⋮

如果把 D 也放入表中，则有

	$\langle M_1\rangle$	$\langle M_2\rangle$	$\langle M_3\rangle$	$\langle M_4\rangle$	…	$\langle D\rangle$	…
M_1	<u>accept</u>	reject	accept	accept	…	accept	
M_2	reject	<u>accept</u>	reject	reject	…	accept	
M_3	reject	reject	<u>reject</u>	reject	…	reject	
M_4	accept	reject	accept	<u>accept</u>	…	accept	
⋮	⋮	⋮	⋮	⋮	⋮	⋮	
D	reject	reject	accept	reject	…	?	
…	…	…	…	…	…	…	

对此，一种看法是 D 在对角线上与所有 TM 不同，说明 D 不在所有 TM 的枚举中，从而不是 TM，但如果 H 存在则 D 是一个 TM，就应该在表中，这是一个矛盾。另一种看法是 D 将在"？"处自相矛盾。

A_{TM} 不可判定是可计算性理论中的一个重要结果，由此可以推出一系列问题的不可判定性，其中就包括著名的丢番图问题。可计算性理论非常优美，但是这里不再做进一步介绍。这里探讨 A_{TM} 只是引出对角化方法的具体使用方法，用类似方法可以证明复杂性理论中的很多重要结论。

6.2 分层定理

在复杂性理论中，对角化方法的最主要用途可能就是证明时间和空间分层定理了。考虑允许 TM 使用更多的时间和空间是否一定可以判定更多的问题呢？直觉上应该可以，分层定理将证明这种直觉在满足一定的条件下是正确的，即当度量复杂性的函数"性质良好"的时候。下面对此给出一个明确的定义：空间、时间可构造函数。

6.2.1 空间、时间可构造函数

定义 6.8（空间可构造函数（space constructible function）） 称函数 $f: \mathbb{N} \to \mathbb{N}$ 是空间可构造的，若 $f(n) \geqslant \log n$，且存在 TM，输入 1^n 时，在 $O(f(n))$-space 内，输出 $f(n)$ 的二进制。

这里 1^n 是 n 的一进制表示，强调的是长度的概念，也就是说 1^n 也可以换做任何 n 长输入，而 $f(n)$ 的数值（以二进制表示）可以在 $O(f(n))$-space 内计算则表明在 f 自身定义的那么多 space 内应至少能计算出 $f(n)$ 具体是多少。这个定义看起来有些奇怪，但事实上，几乎所有常用的度量复杂性的函数都是空间可构造的，譬如 $\log n$，n，n^2，n^k，2^n，$\sqrt{n}$ 等，下面对其中一些做简单确认，其它请自行检查。

（1）$f(n) = n$：输入 1^n，要计算 $f(n) = n$ 只需用二进制计数器计数"1"的个数，计数器只需 $O(\log n)$-space，整个算法的 space 为 $n + O(\log n) = O(n)$。

（2）$f(n) = 2^n$：因为 $f(n) = 2^n$ 的二进制表示就是一个 1 后面跟着 n 个 0，所以输入 1^n，只要将所有的 1 改写为 0，再在开头插入一个 1，即得 2^n 的二进制。这个算法的 space 仅为 $n + 1 = O(n)$，在 $O(2^n)$-space 内当然可以完成。

（3）$f(n) = n^2$：输入 1^n，首先将其转化成 n 的二进制，再按照普通的二进制乘法（逐位乘再错位相加）计算 $n \times n$，前者在 $O(n)$-space 内可以完成，后者只需 $O(\log n \times \log n)$-space，整个算法在 $O(n^2)$-space 内显然可以完成。

另外，$f(n) = \log n$ 为什么也是呢？$O(\log n)$-space 甚至放不下输入 1^n！这需要在学习了空间复杂性的相关章节、修改了 TM 的模型后再做确认。

那么，哪些函数不是空间可构造的呢？譬如：$\log(\log(n))$ 就不是，按照定义，比 $\log(n)$ 小的函数都不是空间可构造的。试想，为了计算 $\log(\log(n))$ 可能需要先计算 n 和 $\log(n)$，而这需要的空间就已经不止 $O(\log(\log(n)))$ 了。

下面这个特殊的函数也不是空间可构造的：
$$s(n) = \begin{cases} n, & \text{若 } n \text{ 是一个总会停机的 DTM 的编码} \\ 2n, & \text{否则} \end{cases}$$
它甚至是不可计算的。

时间可构造函数的定义类似于定义 6.9。

定义 6.9（时间可构造函数（time constructible function）） 称函数 $f: \mathbb{N} \to \mathbb{N}$ 是时间可构造的，若 $f(n) \geqslant n \log n$，且存在 TM，当输入 1^n 时，在 $O(f(n))$-time 内，可以输出 $f(n)$ 的二进制。

n 不是时间可构造的，这是因为在 $O(n)$ 步内我们还不能由 n 的一进制计算出 n 的二进制，如果仍用二进制计数器，则计数器的 time 为 $O(n \log n)$；虽然计数器只占用 $O(\log n)$-space，但每次计数器加 1 最坏情况下需要改写 $O(\log n)$-space 内的每个符号（如从 0111 到 1000）。

除 n 之外，多数常用的度量复杂性的函数都是时间可构造性的，譬如：$n \log n$，n^2，n^k，2^n 等，对此不再进一步解释，请自行确认。

另外，空间（时间）可构造函数的简单组合也都是空间（时间）可构造的：

断言 6.10 若函数 f 和 g 是空间（时间）可构造的，则 $f+g$，$f \times g$，$f(g)$，2^g，f^g 也都是。

这一点也请自行确认。

在不同文献中，可构造的函数的定义方式和名称不太一致，有的称为恰当复杂性函数（proper complexity function），有的要求能计算出 $f(n)$ 的一进制，还有一些别的形式，详见参考文献[4]和[7]，它们与此处定义的等价性根据所采用的具体 TM 模型会有所不同。针对后续内容，试思考：

① 要求一进制有什么好处呢？（提示：考虑一进制计数器的 time。）

② 对于单带机，计算出 $f(n)$ 的二进制和一进制在 time/space 上有什么区别？对于多带机呢？（提示：考虑两种不同模型下实现这两种进制转换的方法。）

选择空间（时间）不可构造的函数定义复杂性类时，给定更多的空间和时间未必能判定更多的问题，特别地，有如下的奇怪结论：

定理 6.11(Trakhterbort-Borodin Gap 定理) $\text{SPACE}(o(\log \log n)) = \text{SPACE}(1)$。

定理 6.12(Blum 加速定理) $\text{TIME}(o(n)) = \text{TIME}(1)$。

这两个定理的具体表述参见参考文献[5]、[11]、[28]～[31]，证明将在习题中讨论。

6.2.2 分层定理

下面分别介绍空间和时间分层定理，它们的具体表述和证明都与采用的具体模型有很大关系，所以不同文献中会有差别，但基本思想相同。我们先来学习其中比较容易的空间分层定理。

定理 6.13(空间分层定理) 对于任意的空间可构造函数 $f: \mathbb{N} \rightarrow \mathbb{N}$，存在语言 A，它在 $O(f(n))$-space 内可判定，但在 $o(f(n))$-space 内不可判定。

思路 我们需要构造一个语言 A，它与所有 $o(f(n))$-space 内能判定的语言不同，但在 $O(f(n))$-space 内可判定。这等价于构造一个 $O(f(n))$-space 的判定器 D，它与所有 $o(f(n))$-space 的判定器都不同，D 所判定的语言就是我们想要的 A。

D 的构造采用对角化方法，类似于证明 A_{TM} 不可判定：若 M 是 $o(f(n))$-space 的判定器，那么构造将保证 D 与 M 至少在一个字符串上的判定结果不同，这个字符串就是 M 自身的编码：$\langle M \rangle$。

证明 由如下 $O(f(n))$-space 的 TM D 所判定的语言 A 不能在 $o(f(n))$-space 内判定。

对输入 w：

① 令 $n = |w|$（输入长度）。

② 计算 $f(n)$，并划分出 $f(n)$ 个方格，一旦后面的步骤企图使用更多方格，则拒绝。

③ 如果 w 并非形如 $\langle M \rangle 10^*$（之前已经提到过不妨将 $\langle M \rangle 10^*$ 也看作 M 的编码），其中 M 是某个 TM，则拒绝（只关心 w 是某个 TM 编码的情况）。

④ 对输入 w 模拟 M 的运行，并对该过程使用的步数进行计数，若超过 $2^{f(n)}$，则拒绝。（因为 $o(f(n))$-space 的 TM 至多走 $2^{o(f(n))}$ 步，若超过，则或者不是 $o(f(n))$-space 的，或者 loop，而我们只关心 $o(f(n))$-space 的判定器。）

⑤ 若 M 接受则拒绝，若 M 拒绝则接受（保证与 M 不同）。

注意 D 需要保证与所有 $o(f(n))$-space 的 M 在其自身编码上的判定结果相反，但是当 $\langle M \rangle$ 较短时，划分出的 $f(n)$ 个方格可能不够，从而可能错误地拒绝。这是因为若 M 的 space 是 $g(n) = o(f(n))$，这意味着存在某个 n_0 当 $n \geqslant n_0$ 时 $g(n) < f(n)$，但 $n < n_0$ 时可能有 $g(n) > f(n)$。但是，M 有更长的编码，譬如 $\langle M \rangle 10^{n_0}$，在 $\langle M \rangle 10^{n_0}$ 处 D 将与 M 不同。

现在分析 D 的 space，检查它不会超过 $O(f(n))$：因为 f 是空间可构造的，所以②在 $O(f(n))$-space 内可完成。③是简单操作，显然在 $O(f(n))$-space 内可以完成。④要考虑计步器的 space 和模拟 M 的运行需要付出的 space 代价。前者显然只需 $O(f(n))$-space，下面考察后者。

因为现在输入就是 M 的编码，所以要模拟 M 的运行是容易的，每次读到一个符号只需在编码中查阅相应的状态转移规则并做出相应动作即可。如果 D 的带上可用符号集与 M 的完全相同，那么做这个动作只需一步，但是由 M 的任意性，这不太可能。因此需要将 M 的带上可用符号集编码到 D 的带上可用符号集上，譬如 $\{0, 1\}$。如此一来，对 M 的每个带上符号，D 都需要多个方格存放，这导致 D 模拟 M 的 space 比 M 实际的 space 要增加常数倍，但仍然是 $o(f(n))$-space 的。

另外，查阅编码虽然需要额外的步数，但是并不会增加 space（但考虑模拟的 time 代价时情况有所不同）。   □

注意，语言 A 只能通过算法 D 来描述，没有简单的、非算法描述，所以它是一个"不自然的"语言。

由空间分层定理，我们可以得到以下推论：

推论 6.14 对函数 $f_1, f_2 : \mathbb{N} \to \mathbb{N}$，若 $f_1 = o(f_2(n))$，且 f_2 是空间可构造的，则有
$$\mathrm{SPACE}(f_1(n)) \subsetneqq \mathrm{SPACE}(f_2(n))$$

这样，空间复杂性类可以描述为一层包含一层，并且层与层之间的间隙非空。特别地，对于多项式有

推论 6.15 对于任意的实数 $0 \leqslant \varepsilon_1 < \varepsilon_2$，有 $\mathrm{SPACE}(n^{\varepsilon_1}) \subsetneqq \mathrm{SPACE}(n^{\varepsilon_2})$。

时间分层定理要稍弱一些，即分层间隙稍大，证明类似，但是考虑模拟付出的 time 代价时，情况要复杂些。

定理 6.14（时间分层定理） 对于任意的时间可构造函数 $f : \mathbb{N} \to \mathbb{N}$，存在语言 A，它在 $O(f(n))$-time 内可判定，但在 $o\left(\dfrac{f(n)}{\log f(n)}\right)$-time 内不可判定。

该定理的证明与空间分层定理的相似，分母的产生是因为模拟 M 的运行需要付出额外

的 time 代价。

证明 由如下 $O(f(n))$-time 的 TM D 所判定的语言 A 不能在 $o\left(\dfrac{f(n)}{\log f(n)}\right)$-time 内判定：

对输入 w：

① 令 $n=|w|$。

② 计算 $\dfrac{f(n)}{\log f(n)}$，并将值 $\left\lceil\dfrac{f(n)}{\log f(n)}\right\rceil$ 存放在一个二进制计数器中。在执行以下操作的每一个步骤前，将此计数器减 1，若计数器为 0 则拒绝。

③ 如果 w 不是形如 $\langle M\rangle 10^*$，其中 M 是某个 TM，则拒绝。

④ 对输入 w 模拟 M 的运行。

⑤ 若 M 接受则拒绝，若 M 拒绝则接受。

显然，①、②、③能在 $O(f(n))$-time 内完成，下面只考察④所需的 time。每次为了模拟 M 的一步，D 都要读取 M 的当前状态和带头指向的符号，再在 M 的转移函数中查找 M 的下一个动作，依此进行相应的更新。为了减少收集这些信息所需的步数，D 可以使用多轨道技巧，把这些信息放在一起。

多轨道技术容易实现，譬如获得双轨道的一种方法是将一条轨道内容存放在奇数位置存储，另一条轨道内容存放在偶数位置存储，还可以通过上下符号的方式获得。更多的轨道可以通过类似的方法获得。

D 采用三条轨道。第一条轨道存储 M 的带上内容，第二条轨道包含 M 的当前状态和转移函数的副本(即 $\langle M\rangle$)，第三条轨道存放二进制计数器。(多轨道的初始化可以将输入全部复制到第三条轨道上，同时将输入中的 $\langle M\rangle$ 复制到第二条轨道上，在第三条轨道上计算 $\left\lceil\dfrac{f(n)}{\log f(n)}\right\rceil$，这些显然在 $O(f(n))$-time 内可以完成。)

在模拟过程中，D 保持第二条轨道上的信息靠近第一条轨道上 M 带头所指的当前位置。(即抽动第二条轨道，使得若 M 的当前状态是 q，带头指向的符号是 x，则 $\langle M\rangle$ 对应 (q,x) 的转移规则就正好在带头当前位置的下方。)因为第二条轨道上信息的长度仅取决于 M，所以抽动所需的 time 只是常数。之后，按照该规则更新带上内容，因为这条规则离得很近，所以更新也只需要常数步。这样 D 只需要常数步就可以模拟 M 的一步，但是第三条轨道上的计步器减 1 需要 $O\left(\log\dfrac{f(n)}{\log f(n)}\right)=O(\log f(n))$ 步，因此模拟最终需要的 time 为

$$O(\log f(n)\cdot\dfrac{f(n)}{\log f(n)})=O(f(n))。$$ □

注：时间分层定理的描述因采用的具体 TM 模型会有所不同，这里给出的是针对单带 TM 的结果，即证明中 M 和 D 都是单带机，如果允许 M 和 D 是多带机，模拟需要付出的代价可能不同，更紧的时间分层定理也是有可能的，譬如去掉分母上的 log 项，从而与空间分层定理一致，具体参阅参考文献[24]～[27]。因为实际中可能产生的 time 函数(如多项式、指数)对分母上的 log 项并不敏感，所以这些差异对实际几乎是没有影响的。

由时间分层定理，时间复杂性类也可以描述为一层包含一层，层与层之间的间隙非空，

只是间隙更大一些。

推论 6.16　对函数 $f_1, f_2: \mathbb{N} \to \mathbb{N}$，若 $f_1(n) = o\left(\dfrac{f_2(n)}{\log f_2(n)}\right)$，且 f_2 是时间可构造的，则有

$$\mathrm{TIME}(f_1(n)) \subsetneqq \mathrm{TIME}(f_2(n))$$

特别地，对于多项式，有以下推论。

推论 6.17　对于任意的实数 $1 \leqslant \varepsilon_1 < \varepsilon_2$，$\mathrm{TIME}(n^{\varepsilon_1}) \subsetneqq \mathrm{TIME}(n^{\varepsilon_2})$。

请注意该推论与空间分层定理类似推论中参数取值范围的区别，这是由于时间可构造性的定义要求更强。

由该推论，对于整数 k，因为 $n^k = o\left(\dfrac{n^{k+1}}{\log n^{k+1}}\right)$，所以也有以下推论。

推论 6.18　$\mathrm{TIME}(n^k) \subsetneqq \mathrm{TIME}(n^{k+1})$。

另外，因为 $n^k = o\left(\dfrac{2^{n^k}}{\log(2^{n^k})}\right)$，所以有以下推论。

推论 6.19　$\mathrm{P} \subsetneqq \mathrm{EXP}$。

这说明尽管我们不能确定 NP 中的问题是否一定 PT 可解，但是 PT 不可解的困难问题却是确确实实存在的。

下面几节探讨对角化方法的一些更高级应用，它们更复杂一些。

6.2.3* 非确定性时间分层定理

对于非确定性时间复杂性类，可以获得更紧的分层定理：

定理 6.15（NTIME 分层）　若时间可构造的函数 f 和 g 满足 $f(n+1) = o(g(n))$，则 $\mathrm{NTIME}(f(n)) \subsetneqq \mathrm{NTIME}(g(n))$。

定理证明不能直接使用对角化方法，因为模拟 NDTM 再取反会导致判定规则发生变化，所以需要更强的对角化技巧："懒惰"对角化方法。

另外，还需用到一个事实：（用两带以上的通用 TM）非确定性地模拟 NDTM 的 $f(n)$ 步只需要常数倍的 time 代价（注意，因为是多带机，所以时间可构造性中最终是输出 $f(n)$ 的一进制还是二进制并无区别）。关于这一点，证明的细节比较复杂，可以参阅参考文献 [32] 和 [34]，此处不做介绍。

证明　定义一个足够大的函数 $t(n)$，使得 $t(n)$-time 足以确定性地判定某个 $f(n)$-time 的 NDTM 是否在 $f(n)$-time 内接受 1^n。（这样的 $t(n)$ 存在，譬如 $2^{f(n)}$。）

假设 $N_1, N_2, N_3, \cdots$ 是所有 NDTM 的一个枚举，构造判定器 D 如下（保证 D 与所有 $f(n)$-time 的 NDTM 都不同，但 D 是 $g(n)$-time 的）。

对输入 x：

(1) 若 x 不是形如 1^*，则拒绝，否则计算 i，使得 $t^{i-1}(1) < n \leqslant t^i(1)$，其中 $t^i(1)$ 表示在 1 上作用 i 次 t。可以计算 $t(1), t(t(1)), \cdots$，直至大于 n（至多 n 次），即得 i。

(2) 分两种情况进行：

(a) 若 $n = t^i(1)$，则确定性地模拟 N_i 在 $1^{t^{i-1}(1)}$ 上的运行，并取相反结果。这需要 $t(t^{i-1}(1)) = t^i(1) = n$-time，即线性时间。

(b) 若 $t^{i-1}(1) < n < t^i(1)$，则非确定性地模拟 N_i 在 1^{n+1} 上的运行，并取相同结果。

这需要 $f(n+1)=o(g(n))$- time(注意，这里没有系数项 $\log(g(n))$!)。

现在 D 是 $o(g(n))$- time 的(当然也是 $O(g(n))$- time 的)，下证 N_i 在区间 $[1^{t^{i-1}(1)}, 1^{t^i(1)}]$ 上至少有一处与 D 不同。

图 6.2 为 N_i 与 D 在此区间上的异同，$t^{i-1}(1)<n<t^i(1)$ 时 $D(1^n)=N_i(1^{n+1})$(实线双向箭头标出)，若 N_i 在区间 $[1^{t^{i-1}(1)}, 1^{t^i(1)}]$ 上与 D 完全相同(虚线双向箭头标出)，则必有 $D(1^{t^i(1)})=N_i(1^{t^{i-1}(1)})$(点划线双向箭头标出)。

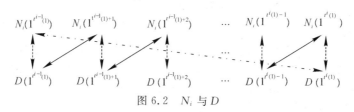

图 6.2　N_i 与 D

但是，(a)保证 $D(1^{t^i(1)}) \neq N_i(1^{t^{i-1}(1)})$，矛盾！

这样，D 与所有 $O(f(n))$-time 的 NDTM 都不同。　　　　　　　　□

最早研究非确定性时间分层定理的是 Cook[33]，参考文献[34]给出了现在的这个形式，但是证明相当复杂，Stanislav Zak[35] 简化了该定理的证明。

6.3　定理 A 的证明

试想用对角化方法可以分开 P 和 NP 吗？这需要构造一个 PT 的 NDTM N，它可以模拟所有 PT 的 DTM，从而做出相反结论。某固定多项式 time 的 N 如何保证能运行完任意多项式 time 的 DTM 呢？似乎不太可能！

但是，在相对化世界里，这是可能的。

定理 A　存在 oracle A，使得 $P^A \neq NP^A$(参考文献[23])。

证明　我们需要构造 A，而不仅仅是找到一个语言，它在 P^A 中却不在 NP^A 中。A 的构造将使用对角化方法，它的构造需要使得某个语言能满足在 NP^A 中却不在 P^A 中，会是哪一个语言呢？

对于任意的 oracle A，令语言

$$L^A=\{0^n: A \text{ 中有 } n \text{ 长的字}\}$$

也就是说，若 A 中有 n 长的字，那么 0^n 这个 n 长的全 0 串就属于 L^A。这样，对于每个 n，L^A 至多只有一个 n 长的字：0^n。也就是说，A 是一个一元(unary)语言，字母表只有一个字母：0。

显然，对于任意的 A，$L^A \in NP^A$。因为 $0^n \in L^A$ 的一个证书就是 A 中任意的一个 n 长字 w，NDTM 可以在每一个分支上非确定性地猜测一个 n 长的字 w，再询问 oracle A：$w \overset{?}{\in} A$，若是则接受。

但是，我们将构造一个 $A \subseteq \{0,1\}^*$，使得 $L^A \notin P^A$，从而 $P^A \neq NP^A$。(直觉上，可能的证书有 2^n 个，PT 的 DTM 来不及向 oracle A 询问这么多次，就必须做出判定，A 的构造需要使得该判定错误。)

假设 $M_1, M_2, M_3, \cdots$ 是所有 oracle DTM 的一个枚举(这是可能的，因为 oracle TM 也

只有有限长的编码），可以假设这个枚举非常"冗余"，每个 M_i 都会出现无穷多次，这由定理 6.3 可以保证。

A 的构造需要使得 $M_1,M_2,M_3,\cdots$ 中所有 PT 的 M_i 都不判定 L^A：对 0^i 判定错误。

分阶段构造 A 如下（第 i 阶段确定 A 中是否有 i 长的字）：

开始令 $A_0=\Phi$，$X=\Phi$。

在第 i 阶段，已有集合

$$A_{i-1}：A \text{ 中所有长度小于等于 } i-1 \text{ 的字}$$

和

$$X：A \text{ 目前已经拒绝的所有字}$$

在 0^i 上运行 $M_i\ i^{\log i}$（超越多项式！）步。运行过程中，对 M_i 的 oracle 询问 w，回答如下：

- 若 $|w|<i$，在 A_{i-1} 中查找并回答 yes/no；
- 若 $|w|\geqslant i$，回答 no，并将 w 添加到 X 中。

这之后：

- 若 M_i 停机并且接受，则令 $A_i=A_{i-1}$，这样 A 中无 i 长字，M_i 对 0^i 判定错误，即 M_i 不能判定 L^A。

- 若 M_i 停机并且拒绝，则令 $A_i=A_{i-1}\bigcup\{\text{所有 } w:|w|=i \text{ 且 } w\notin X\}$，这样 A 中有 i 长字，M_i 又对 0^i 判定错误，所以也不能判定 L^A。此时需要确保集合 $Y=\{w:|w|=i \text{ 且 } w\notin X\}\neq\Phi$！

$|Y|=2^i-$ 第 i 阶段及之前所有阶段中已询问过的所有 i 长字的数目总和

$$\geqslant 2^i-\sum_{j=1}^{i} j^{\log j}\text{（即使每一步询问一个这样的字）}$$

$$\geqslant 2^i-i\cdot i^{\log i}>0\text{（当 } i \text{ 足够大时，譬如 } i\geqslant n_0 \text{ 时）}$$

当 i 较小时，Y 可能为 Φ，从而 M_i 对 0^i 判定正确，但相同的 M_i 会在 $M_1,M_2,M_3,\cdots$ 中的另一个足够靠后的位置出现，譬如 M_{i^*}，且 $i^*>n_0$，在第 i^* 阶段可以保证 $Y\neq\Phi$，从而 M_{i^*} 对 0^{i^*} 判定错误，M_{i^*}（即 M_i）不能判定语言 L^A。

- 若 M_i 不停机，则或者 M_i 不是 PT 的，或者其 time 虽为 n^k，但 $i^k>i^{\log i}$，从而 $i^{\log i}$ 步尚未停机。

此时，令 $A_i=A_{i-1}$，这不排除 M_i 对 0^i 最终判定正确的可能性，但与前面类似，M_i 会在更靠后的位置出现：$M_{i^{**}}$，i^{**} 足够大，能使得 $i^{**\log i^{**}}>i^k$，在第 i^{**} 这个阶段将排除 $M_{i^{**}}$（即 M_i）判定 L^A 的可能性。

最后，$M_1,M_2,M_3,\cdots$ 中所有 PT 的 oracle TM 都不判定 L^A，所以 $L^A\notin P^A$。 □

该证明的对角化体现如下：假设 $M_1,M_2,M_3,\cdots$ 对 0^i 的运行结果如下：

	0^1	0^2	0^3	$\cdots$
M_1	accept	reject	accept	$\cdots$
M_2	reject	reject	accept	$\cdots$
M_3	accept	reject	reject	$\cdots$
$\vdots$	$\vdots$	$\vdots$	$\vdots$	$\vdots$

A 的构造就偏偏使得 $0^1 \in L^A$，$0^2 \in L^A$，$0^3 \in L^A$，$\cdots$，从而所有的 $M_1, M_2, M_3, \cdots$ 都不判定 L^A。

试思考：A 的构造是否可由 NDTM 在 PT 内完成呢？如果是，即 $A \in$ NP，则易证 P$\neq$NP。

相对化曾被认为对认识真实世界是有帮助的，人们猜想如果某个结论对于多数 oracle 都成立，那么在没有 oracle 的真实世界中也成立，但是这个猜想已被证伪。尽管如此，相对化复杂性类也并非完全无用，计算复杂性理论中结构复杂性（structural complexity）这一分支就专门研究 oracle TM 和相对化复杂性类之间的关系，参阅参考文献[13]。

6.4* 　Ladner 定理的证明

虽然定理 A、B 告诉我们对角化方法对分开 P 和 NP 似乎无用，但是如果 P$\neq$NP，则用对角化方法确实可以分开 P、NPI、NPC，即 Ladner 定理。

Ladner 定理的证明： 首先应注意到因为现在假设 P$\neq$NP，所以 NPC 的 SAT 一定不在 P 中。现在由 SAT 出发构造 A，通过给 SAT 交上一个 P 中的语言弱化其难度，使其仍在 NP 中，但不再是 NPC 的，也不在 P 中。

在给出 A 的具体构造前，需要注意到 P 中的语言是可数的，这是因为所有 PT 的 DTM 可以枚举为 $P_1, P_2, P_3, \cdots$，可以首先枚举所有的 DTM：$M_1, M_2, M_3, \cdots$，假设这个枚举非常"冗余"，每个 M_i 都出现无穷多次，再给每个 M_i 增加一个"时钟"，使其至多运行 n^i 步（若 n^i 步未停机则直接拒绝），因为每个 M_i 都出现无穷多次，若 M_i 是 PT 的，则存在足够大的时钟使其运行完毕。

注意 $P_1, P_2, P_3, \cdots$ 也是 P 中所有语言的枚举。

同理，所有 PT 可计算的函数也可以枚举为 $F_1, F_2, F_3, \cdots$。

现在定义：
$$A = \{x : x \in \text{SAT} \text{ 且 } f(|x|) \text{ 是偶数}\}$$
其中的 f 还需定义，但注意只要 f 是 PT 可计算的，就有 $A \in$ NP。

f 由一个 PT 的 TM M_f 定义，即：$M_f(1^n) = f(n)$。假设 M_{SAT} 是 SAT 的判定器（当然未必 PT），M_f 具体如下：

令 $f(0) = f(1) = 2$，输入 1^n（$n > 1$），M_f 分两个阶段，每个阶段只执行 n 步：

(1) 阶段 1：M_f 计算 $f(0), f(1), \cdots$，直到 n 步后结束。假设最后计算的是 $f(x) = k$，则 M_f 输出 k 或 $k+1$，这需由阶段 2 决定。

(2) 阶段 2：

(a) 若 $k = 2i$ 为偶数，则 M_f 试图寻找一个 $z \in \{0,1\}^*$，使得 M_i 对 $z \overset{?}{\in} A$ 判定错误，这只需对所有 z 按照字典序计算 $M_i(z)$，$M_{\text{SAT}}(z)$ 和 $f(|z|)$。若满足条件的 z 找到（在 n 步内），则 M_f 输出 $k+1$，否则输出 k。（即：当 $k = 2i$ 为偶数时，M_f 企图使 M_i 不能判定 A，最终使得 $A \notin$ P。）

(b) 若 $k = 2i-1$ 为奇数，则 M_f 试图寻找一个 $z \in \{0,1\}^*$，使得 $F_i(z)$ 不是 SAT 到 A 的一个正确的 Karp 归约（即若 $z \in$ SAT 则 $F_i(z) \notin A$，或者若 $z \notin$ SAT 则 $F_i(z) \in A$）。这

只需对所有 z 按照字典序计算 $F_i(z)$，$M_{\text{SAT}}(z)$，$M_{\text{SAT}}(F_i(z))$ 和 $f(|F_i(z)|)$。若满足条件的 z 找到(在 n 步内)，则 M_f 输出 $k+1$，否则输出 k。(即：当 $k=2i-1$ 为奇数时，M_f 企图使 F_i 在一点处(即：z 处)不是 SAT 到 A 的 Karp 归约，最终所有 PT 可计算的函数都不是 SAT 到 A 的 Karp 归约，从而 A 不是 NPC 的。)

显然，M_f 是 PT 的，且对所有的 n，$f(n+1)>f(n)$。

现证 $A\notin P$。若 $A\in P$，则 A 由某个 M_i 判定，那么在 $k=2i$ 时阶段 2 的 (a) 中的 z 不可能找到，所以 f 从当前的 x 之后不再改变，均为常数 $(2i)$，特别地，只有有限多个 n 使得 $f(n)$ 为奇数，这又意味着 A 与 SAT 至多在有限多的串上不同，从而 SAT $\in P$，这与 P$\neq$NP 矛盾！

再证 A 不是 NPC 的。若 A 是 NPC 的，则存在一个 PT 可计算的 F_i，它是 SAT 到 A 的 Karp 归约，那么在 $k=2i$ 时阶段 2 的 (b) 中的 z 不可能找到，与上相同 f 从当前的 x 之后不再改变，均为常数 $(2i-1)$，此时只有有限多个 n 使得 $f(n)$ 为偶数，这又意味着 A 是有限集，即 $A\in P$，这又与 P$\neq$NP 矛盾！ □

6.5 复杂性理论常用证明方法总结

模拟(simulation)：主要用于证明复杂性类之间的包含关系。

归约(reduction)：推导语言之间难度的关系。

对角化(diagonalization)：用于分开两个复杂性类，即证明它们不相等。

填充(padding)：将复杂性类之间的关系向上传递，从而只需研究更小类之间的关系。这将在下一章的习题中学习。

习　题

1. 考虑如下语言：
$$L=\{(M,x,t)：确定性\ TM\ M\ 输入\ x\ 时至多\ t\ 步内停机\}$$

(1) 证明 $L\in$ EXP。

(2) 证明 $L\notin P$。

2. 试证明 Blum 加速定理：TIME$(o(n))=$TIME(1)。

(提示：TM 提前并不知道输入的长度。)

3. 请使用第 7 章中的空间有界 TM 模型证明 Trakhterbort-Borodin Gap 定理：
$$\text{SPACE}(o(\log\log n))=\text{SPACE}(1)$$

(提示：考虑格局数。)

4. Trakhterbort-Borodin Gap 定理表明 SPACE$(o(\log\log n))$ 中的问题必然是平凡的。但是，考虑语言：
$$L=\{\text{bin}(0)\sharp\text{bin}(1)\sharp\text{bin}(2)\sharp\cdots\sharp\text{bin}(2^l)：l\in\mathbb{N}\}$$
其中，bin(k) 是 k 的二进制表示。容易看出 $L\notin$SPACE(1)(具体证明需要正则语言相关知识，此处跳过)，但请使用空间有界 TM 模型证明：

$$L \in \text{SPACE}(\log \log n\ )$$

由此，$\text{SPACE}(\log \log n) \neq \text{SPACE}(1)$。也就是说，$\text{SPACE}(\log \log n)$ 中有不平凡的问题。

（提示：计算过程中不用记录 bin(k)，可以只记录读写头指向 bin(k) 的第几个位置。）

第7章 空间复杂性

空间是可以重复利用的(reuse)，这与时间不同，那么这一特性会为研究问题的空间复杂性带来更好的结果吗？

考虑 SAT，它是 NPC 问题，所以不太可能属于 P，更不可能属于 DTIME(n)，但是判定 SAT 却只需要线性空间，即：SAT $\in$ SPACE(n)。这是因为确定性算法可以每次测试一组可能的赋值是否 φ 的满意赋值，每次测试只计算 φ 在该组赋值下是否满足，这显然至多需要 $O(n)$-space，而空间是可以重复利用的，所以每次都可以使用相同的空间。

如此看来，空间似乎比时间要"强大"。回忆空间复杂性类的概念，空间的可重复利用性是否会为空间复杂性类的研究带来更好的结果呢？答案是肯定的。

7.1 PSPACE 类

对应 P 和 NP，我们也首先关心**多项式空间**(以后简记为 PS)复杂性类：

$$\text{PSPACE} = \bigcup_{k \geqslant 1} \text{SPACE}(n^k)$$

和

$$\text{NPSPACE} = \bigcup_{k \geqslant 1} \text{NSPACE}(n^k)$$

回忆时间复杂性类和空间复杂性类之间的平凡关系：

$$\text{DTIME}(t(n)) \subseteq \text{DSPACE}(t(n))$$
$$\text{DSPACE}(s(n)) \subseteq \bigcup_{c>1} \text{DTIME}(c^{s(n)})$$

由此，对 PSPACE 和 NPSPACE 的初步认识有

$$\text{P} \subseteq \text{PSPACE} \subseteq \text{EXP}$$
$$\text{NP} \subseteq \text{NPSPACE} \subseteq \text{NEXP}$$

那么，PSPACE＝NPSPACE 吗？Savitch 定理将告诉我们确实如此，这不像回答 P $\overset{?}{=}$ NP 那么困难。

7.1.1 Savitch 定理

回忆用 DTM 模拟 NDTM 时，time 呈指数级增长，所以

$$\text{NTIME}(f(n)) \subseteq \text{TIME}(2^{O(f(n))})$$

但是对 space 会非常不同：只呈平方增长！

定理 7.1(Savitch 定理) 对任意的 $f: \mathbb{N} \to \mathbb{N}$，$f(n)$ 是空间可构造的，都有

$$\text{NSPACE}(f(n)) \subseteq \text{SPACE}(f^2(n))$$

分析　回忆一下，$f(n)$-space 的 TM 至多有 $2^{O(f(n))}$ 种可能的格局。尽管如此，每个格局仍然可以用 $O(f(n))$-space 描述。

假设 N 是 $f(n)$-space 的 NDTM，N 的每个分支也至多 $2^{O(f(n))}$ 长，否则该分支 loop。要确定性地模拟 N，最直观的方法就是相继模拟 N 的每一条分支，查找接受分支。但是，现在只是记录"哪一个分支"就需要 $2^{O(f(n))}$-space，已经需要指数级增长的 space 了！所以这个方法行不通。

考虑为模拟 N 在某个输入 w 上的运行，实际上就是要判定 N 是否会接受 w，或者输入 w 时 N 是否一定会进入接受格局。但是，N 的接受格局会是怎样的呢？对不同的输入和不同的分支似乎都是不同的，为此统一 NDTM 的接受格局 c_{accept} 为：一旦进入接受状态就删除所有带上内容，并将带头移至最左端。注意，这样做并不会影响 N 的 space。现在，问题 N 是否会接受 w 转换为问题从 N 输入 w 时的初始格局 c_{start} 出发，是否可以到达接受格局 c_{accept}。

为了解决这个问题，引入一个更一般的任务：可产生问题 CANYIELD，即：给定 $f(n)$-space 的 NDTM N 输入 w 时的两个可能格局 c_1 和 c_2，以及一个时间参数 t，问 N 是否可由 c_1 在 t 步内到达 c_2？

对该问题，有以下结论：

断言 7.2　若 $t = 2^{O(f(n))}$，则 CANYIELD 可在 $O(f^2(n))$-space 内判定。

证明（递归调用，压栈存储）　以下为 CANYILED 构造判定算法，为明确含义，将该算法仍记作 CANYILED。

对输入 (c_1, c_2, t)，CANYIELD 递归如下：

(1) 若 $t = 1$，则检查 $c_1 \overset{?}{=} c_2$，或者根据 N 的状态转移规则 c_1 能否一步产生 c_2，即 $c_1 \overset{?}{\vdash} c_2$，只要其中之一成立就接受，否则拒绝。

(2) 若 $t > 1$，则对于 N 输入 w 时的每一个可能格局（可按照字典序试遍所有 $2^{O(f(n))}$ 种可能的格局，有些可能不在 N 的计算树上，但不会影响最终结果，而且也不会增加 space），称为中间格局，并记作 c_m，运行：

$$\text{CANYIELD}\left(c_1, c_m, \frac{t}{2}\right) \text{ 和 } \text{CANYIELD}\left(c_m, c_2, \frac{t}{2}\right)$$

若对某个 c_m，它们都接受则接受，否则拒绝。

因为每次 t 都减半，所以 CANYIELD 递归调用的层数至多

$$O(\log 2^{O(f(n))}) = O(f(n))$$

而每层需压栈存储两个格局和一个时间参数，这些都至多占用 $O(f(n))$-space，最底层也不需要额外的空间，所以整个算法的 space 为 $O(f^2(n))$。　□

Savitch 定理证明：假设 N 是 $f(n)$-space 的 NDTM，为模拟 N 在 w 上的运行，只要选择一个足够大的常数 k，使得 $2^{kf(n)} \geq N$ 的可能格局数（回忆这个数为 $|Q| \cdot f(n) \cdot |\Gamma|^{f(n)}$），再运行

$$\text{CANYIELD}(c_{start}, c_{accept}, 2^{kf(n)})$$

即可。

计算复杂性理论导引

这里必须首先计算 $f(n)$ 的数值，这由 $f(n)$ 是空间可构造的，只需要 $O(f(n))$-space。

注：定理中，条件 $f(n)$ 空间可构造并非必须，只要 $f(n) \geqslant n$，甚至 $f(n) \geqslant \log n$ 即可（这在学习对数空间复杂性之后再来讨论）。因为可以利用空间的可重复利用性，依次令 $f(n)=1,2,3,\cdots$，利用 CANYIELD 检查 c_{accept} 是否可达。

假设当前 $f(n)=i$，若 c_{accept} 可达则直接接受，否则对所有占用空间 $i+1$ 的可能格局检查是否可达，若都不可达就直接拒绝，否则令 $f(n)=i+1$，继续……

因为 $f(n)$-space 的 N 的任何格局不会占用超过 $f(n)+1$ 的 space，所以该算法若没有接受，则最终必然在 $i=f(n)$ 这一轮拒绝，此时使用的 space 不会超过 $O(f^2(n))$。

另外，请思考以下问题：

考察 CANYIELD 的 time，因为每层都可能需要试遍所有的可能中间格局，这至多有 $2^{O(f(n))}$ 个，所以算法的 time 是 $(2^{O(f(n))})^{O(f(n))}=2^{O(f^2(n))}$。考虑这是否说明为模拟 $2^{O(f(n))}$-time 的 NDTM 也只需要 $2^{O(f^2(n))}$-time 呢？（$O(f(n))$-space 的 NDTM 至多走 $2^{O(f(n))}$ 步）？这比原来的逐分支模拟寻找接受分支的方法的 time，即 $2^{2^{O(f(n))}}$ 要好很多。但是，$2^{O(f(n))}$-time 的 NDTM 可能占用 $2^{O(f(n))}$-space，从而可能的中间格局数有 $2^{2^{O(f(n))}}$ 个！所以这种模拟方法对用 DTM 模拟 NDTM 的 time 代价并不能带来更好的结果。

回到 PSPACE 和 NPSPACE，Savitch 定理的一个直接推论就是

推论 7.3 NPSPACE＝PSPACE。

这是因为

$$\text{NPSPACE}=\bigcup_{k \geqslant 1}\text{NSPACE}(n^k) \subseteq \bigcup_{k \geqslant 1}\text{PSPACE}(n^{2k}) \subseteq \text{PSPACE}$$

由此，

$$\text{NP} \subseteq \text{NPSPACE}=\text{PSPACE} \subseteq \text{EXP}$$

NP 中有最困难的 NPC 问题，但是考虑 space 时这些问题可能不算困难，现在 PSPACE 比 NP 还大，那么 PSPACE 中可能有更困难的问题，为此下面将引入 PSPACE 完全性的定义。

7.1.2 PSPACE 完全性

将 NP 完全性定义中的 PT 直接换作 PS，包括归约，似乎能自然定义 PSPACE 完全性，但是如此一来，因为 NPSPACE＝PSPACE，除了全语言和空语言外，所有语言都将是 PSPACE 完全的（请参考习题确认这一点），定义也就失去了意义。

事实上，当定义一个类中的完全问题时，归约所使用的计算资源应比这个类自身更加受限，否则可能导致和上面类似的结论。但是，如果限制太强又有可能找不到完全问题。比 PS 更受限的是 PT，因为 PT 能保证 PS，但 PS 却可能需要 exp-time。因此，PSPACE 完全性仍由 "$\leqslant_{\text{P}}$" 定义。

定义 7.4（PSPACE 完全性） 语言 B 是 PSPACE 完全的，若

(1) $B \in \text{PSPACE}$，

(2) $\forall A \in \text{PSPACE}$，$A \leqslant_{\text{P}} B$。（这个条件称为 PSPACE-hardness。）

因为 $\text{NP} \subseteq \text{PSPACE}$，所以 PSPACE 完全问题都是 NP-hard 的，并且可能比 NPC 问题更困难。

试想：SAT 可不可能是 PSPACE 完全的呢？考察当时 Cook-Levin 定理的证明，对于 PS 的 TM，原证明中的格局表的规模可能已是指数级的了。

下面将介绍一个与布尔表达式有关的 PSPACE 完全问题：TQBF。

所谓 TQBF，就是全量化布尔表达式（totally quantified Boolean formula，简写为 TQBF），它们是每个变量由全称量词（∀）和存在量词（∃）约束的布尔表达式。通常（不失一般性）要求对所有变量的量化都出现在表达式的最前面，也就是说它们的一般形式为：

$$(Q_1 x_{i_1})(Q_2 x_{i_2})\cdots(Q_n x_{i_n})\varphi(x_{i_1}, x_{i_2}, \cdots, x_{i_n}), Q_i = \forall \text{ 或 } \exists$$

调整变量下标（即：重命名 x_i 为 x_j），这可以简化为

$$(Q_1 x_1)(Q_2 x_2)\cdots(Q_n x_n)\varphi(x_1, x_2, \cdots, x_n)$$

布尔表达式需要对各个变量赋真值后才能有真值，但是一个 TQBF 自身总是或真或假。

譬如，若 $\varphi(x_1, x_2) = (x_1 \vee x_2) \wedge (\overline{x}_1 \vee \overline{x}_2)$，那么检查以下两个 TQBF 的真假：

$$\forall x_1 \exists x_2 \varphi(x_1, x_2)$$
$$\exists x_2 \forall x_1 \varphi(x_1, x_2)$$

第一个为真，第二个为假。由此也应注意到量词的顺序非常重要。

TQBF 问题就是要判断一个 TQBF 是真是假，即

$$\text{TQBF} = \{\psi: \psi \text{ 是一个真的 TQBF}\}$$

定理 7.5　TQBF 是 PSPACE 完全的。

证明　首先给出判定 TQBF 的一个 PS 判定器 T，它需要递归调用自身：输入一个 TQBF ψ。

(1) 若 ψ 不含量词，则直接计算真假，真则接受，否则拒绝。

(2) 若 ψ 是以 ∃ 开头，即 ψ 可以写作 ∃ $x \psi'$ 的形式，则先令 $x=0$，再令 $x=1$，分别对 ψ' 递归调用 T，只要有一个接受就接受，否则拒绝。

(3) 若 ψ 是以 ∀ 开头：即 $\psi = \forall x \psi'$，则同上，只是如果都接受则接受，否则拒绝。

假设 ψ 有 n 个变量，则至多递归 n 层，每层压栈存储一个变量的赋值，底层的计算只需线性空间，最终整个算法也只占用线性空间。

其次，证明 PSPACE 完全性。

假设 $A \in$ PSPACE，M 是其判定器，且 M 的 space 是 n^k，k 是某个常数。要证 $A \leqslant_P$ TQBF。

采用 Cook-Levin 定理中的思想这里行不通，因为 PS 的 TM 可能走指数步，此时格局表的规模将是指数级，从而变量的个数也将指数级。

此处要利用与证明 Savith 定理类似的思路：假设 w 是语言 A 的某个实例，要将其改写成一个 TQBF，只要表达出从 M 输入 x 的初始格局 c_{start} 在 $t = 2^{O(n^k)}$ 步内能到达接受格局 c_{accept} 即可。记这个 TQBF 为 $\psi_{c_{\text{start}}, c_{\text{accept}}, t}$，则

$$\psi_{c_{\text{start}}, c_{\text{accept}}, t} = \exists c_m (\psi_{c_{\text{start}}, c_m, \frac{t}{2}} \wedge \psi_{c_m, c_{\text{accept}}, \frac{t}{2}})$$

这样，$\psi_{c_{\text{start}}, c_{\text{accept}}, t}$ 可递归生成，每次 t 减半。但是，每次公式的长几乎增加一倍，而当 $t=1$ 时，公式可能指数长，因此还需进一步利用量词 ∀ 折叠公式：

$$\psi_{c_{\text{start}}, c_{\text{accept}}, t} = \exists c_m \forall (c_3, c_4) \in \{(c_{\text{start}}, c_m), (c_m, c_{\text{accept}})\} (\psi_{c_3, c_4, \frac{t}{2}})$$

后者可以等价地写作：

$$\exists c_m \forall c_3 \forall c_4 ((c_3 = c_{start} \wedge c_4 = c_m) \vee (c_3 = c_m \wedge c_4 = c_{accept}) \Rightarrow \psi_{c_3, c_4, \frac{t}{2}})$$

而 "$\Rightarrow$" 可以直接改写为布尔表达式，譬如 "$a \Rightarrow b = \bar{a} \vee b$"。

最后还需要考虑当 $t = 1$ 时，如何用布尔表达式表示由从 M 输入 x 的某个格局 c_1 可以在 1 步内到达另一个格局 c_2，这意味着 $c_1 = c_2$ 或者 $c_1 \vdash c_2$。因为每个格局至多 $n^k + 1$ 长，为每个格局引入 $n^k + 1$ 个变量。前者只要表达两个格局对应变量相等，这是容易的，后者则可以参考 Cook-Levin 定理中采用的 2×3 窗口的方法，表达出 c_1 的所有三元组都正确产生 c_2 的对应三元组即可。具体表达式过于繁琐，此处不再列出。 □

TQBF 问题可能过于抽象，事实上很多二人博弈或下棋的必胜策略问题都是 PSPACE 完全问题。以黑白棋为例，如果执黑棋者先走，那么他会希望存在那样的第一步，无论执白棋者第一步如何走，都存在自己的第二步，无论……都存在……最后他能赢，如果这样的走法存在，就称黑棋有**必胜策略**。同样执白棋者也会希望自己有必胜策略，二者是矛盾的，而判定是否有必胜策略一般来说是困难的，即：PSPACE 完全的。

7.1.3 定理 B 的证明

定理 7.6（定理 B) 存在 oracle B，使得 $P^B = NP^B$。

因为 oracle 所判定的语言难度越大，这个 oracle 的能力越强，而当 oracle 能力足够强时，可以询问它的算法自身能力的强弱可能就不重要了。NPC 问题是困难的，但是我们前面尝试过当 oracle 判定的是 SAT 时，NP^{SAT} 很可能比 P^{SAT} 大，而目前为止，我们接触过的更困难问题就是 PSPACE 完全问题了。

证明 考虑 $B = TQBF$，则首先应注意到：

$$PSPACE \subseteq P^{TQBF}$$

这是因为若 $L \in PSPACE$，则 $L \leqslant_P TQBF$，记该归约为 f，那么为判定 $x \in L$，只要计算 $f(x)$，再向 oracle 询问 $f(x) \overset{?}{\in} TQBF$，返回 oracle 的回答即可。因为 f 是 PT 可计算的，所以这是一个 PT 的 oracle 算法，即：$L \in P^{TQBF}$。

另外，因为

$$P^{TQBF} \subseteq NP^{TQBF}（确定性是非确定性的特例）$$

所以只要证

$$NP^{TQBF} \subseteq P^{TQBF}$$

PT 的算法至多耗费 PS，显然有

$$NP^{TQBF} \subseteq NPSPACE^{TQBF}$$

下证

$$NPSPACE^{TQBF} \subseteq NPSPACE$$

若 $L \in NPSPACE^{TQBF}$，令 N^{TQBF} 是其 PS 的非确定性 oracle 判定器。注意，N^{TQBF} 可以询问 TQBF 的 oracle。构造判定 L 的、不需询问 oracle 的 NDTM 判定器 N' 如下：

N' 模拟 N^{TQBF}，一旦 N^{TQBF} 询问 oracle，N' 就自己计算并且回答，最后 N' 接受当且仅当 N^{TQBF} 接受。

因为 TQBF∈PSPACE，而 N^{TQBF} 是 PS 的，那么它的询问也至多多项式长，N' 自己计算需要的 space 至多是多项式的多项式，还是 PS 的。空间又可以重复利用，所以即使 N^{TQBF} 多次询问，N' 自己回答也只耗费 PS。

最后，N' 必然也是 PS 的，即

$$L\in\text{NPSPACE}$$

综上，

$$\text{NP}^{\text{TQBF}}\subseteq\text{NPSPACE}=\text{PSPACE}\subseteq\text{P}^{\text{TQBF}}$$

定理 B 得证。 □

7.2 L 和 NL 类

考虑亚线性的时间和空间，即：此时，$f(n)=o(n)$。

对于时间，亚线性时间内甚至来不及读完全部的输入。有没有不需要读完输入就可以判定的语言呢？当然有，譬如以 0 开始的所有字符串构成的集合。但是，这样的语言比较平凡，没有多少实际用途，而且上章也曾指出过

$$\text{TIME}(o(n))=\text{TIME}(1)$$

所以我们不考虑亚线性时间。

对于空间，亚线性空间内甚至放不下全部的输入，是不是也不需要考虑呢？事实上，放不下全部的输入仍有可能可以读完。

譬如，实际中，硬盘(CD-ROM)比内存(RAM)可以存储的数据多得多，但是计算过程中并不需要将硬盘上的所有数据都放在内存中，而是需要硬盘中的哪一部分数据就读哪一部分。这样的计算可以看作是在任何时刻只能访问输入的一小部分，而且具体是哪一部分还可以随时间而变化。

当然，为了使得上述成为可能，我们有必要修改一下 TM 的模型。

7.2.1 空间有界的 TM

回忆语言 $\{a^kb^k:k\geqslant1\}$，用双带 TM 判定它时，可以将所有的 a 复制在第二条带上，然后读到一个 b 删除一个 a，如图 7.1 所示。

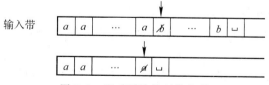

图 7.1 配对删除的双带实现

该算法第二条带上的 space 为 $O(n)$。为了进一步节约空间，可以在第二条带上对 a 和 b 进行二进制计数，最后只要比较两个计数器的值是否相等，如图 7.2 所示。

图 7.2　计数比较

因为两个计数器的最大值为输入的长度 n，如果用二进制计数器只需要 $O(\log n)$ 的 space。

注意在这个算法中，第一条带只读，没有发生改写，所以如果不考虑其上占用的 space，算法的 space 就只有 $O(\log n)$。事实上，要考虑亚线性空间，必须修改 TM 的模型，为此引入**空间有界**的 (space bounded) TM。

它有两条带："输入"带（类似硬盘）和"工作带"（类似内存）。输入带只读，且带头不可以移出有输入的部分，即一旦输入带带头读到"␣"就只能左移不能右移。工作带可以正常读写。

对空间有界的 TM，space 只记工作带上扫描过的方格数。这样，我们就可以考虑比存储全部输入所需 space 少的计算了。

修改模型后，格局的表示略有不同。现在输入带因为只读不写，内容始终保持不变，所以格局中并不需要给出输入带的内容，而只需表明输入带头的位置，工作带的情况还和以前一样表示。尽管如此，第 2 章中关于 time 和 space 的两个基本事实仍然成立（请自行确认）。

7.2.2　L 和 NL

现在引入对数空间复杂性类：

$$L = \text{SPACE}(\log n)$$
$$NL = \text{NSPACE}(\log n)$$

在所有的亚线性函数（譬如：$\sqrt{n}$，$\log n$，$\log^k n$，$\log\log n$，$\cdots$）中，考虑 $\log n$ 主要有以下三个原因：

（1）$\log n$-space（以后简写为 LS）足以解决一些有意义的问题，这一点我们很快就会看到。

（2）$\log n$ 不会因编码方式的不同而不同，因为在大 O 符号内都相同，这样用 $\log n$ 定义空间复杂性类就具有一定的稳健性。

（3）用 $\log n$-space 足以表明输入带头的位置，因为输入长度为 n 时，可能的位置就只有 n 个。或者换句话说，$\log n$-space 足以表示 n。这样一来，LS 的 TM 的格局也至多只需要 $O(\log n)$ 长的字符串就可以表示了，我们很快就会发现这一点的用处。

下面，我们来看一看哪些语言属于 L 和 NL。

显然，$\{a^k b^k : k \geqslant 1\} \in L$。除此之外，括号的正确嵌套也属于 L（习题），还有第 4 章习题中的 TRIANGLE 等。

NL 中也有我们比较熟悉的问题，譬如 PATH，2SAT（习题）。

回忆 PATH 问题，已证明 PATH$\in$P，现在考察算法在空间有界 TM 模型下的 space：(G, s, t) 现在放在输入带上，其完整形式如图 7.3 所示。

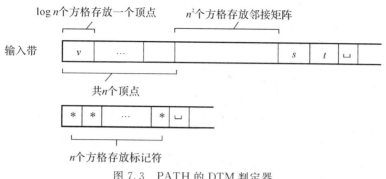

图 7.3 PATH 的 DTM 判定器

算法需要读取邻接矩阵，依次标记 G 中从 s 可达的顶点，这需要在工作带开辟额外的 space 存放标记符号（譬如"$*$"）。假设 G 有 n 个顶点，就需要 n 个方格存放这些符号，如图 7.3 所示。现在算法的 space 只记第二条带上的，所以是 $O(n)$，即线性空间。

以图 7.4(a)中的 (G,s,t) 为例，该算法将在第二条带将依次标记顶点 1，2，3，4，最终因 5 未标记而拒绝。

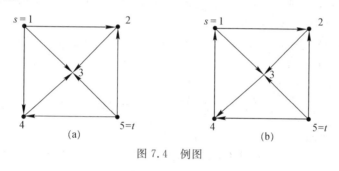

图 7.4 例图

那么可不可以构造只需 LS 的算法呢？似乎是困难的，但是如果引入非确定性，则答案是肯定的。

断言 7.7 PATH $\in$ NL。

证明 NDTM 判定器可以非确定性地猜测从 s 到 t 的每一步，每猜测一步，检查邻接矩阵中相应的边是否存在，最后直到到达 t 而接受，或者执行 n 步还未到达 t 而拒绝（因为 s 到 t 如果有路，则必有一条长度至多为 n 的路）。

每次只存储当前猜测的顶点，所以只需要 $O(\log n)$-space，另外工作带上还需要一个计步器，因为该计步器最大值是 n，所以也只需要 $O(\log n)$-space。整个算法的 space 为 $O(\log n)$，是 LS 的。   □

以图 7.4(a)中的 (G,s,t) 为例，该非确定性算法由顶点 1 出发，可能非确定性地到达 2、3、4……算法的大致执行情况如图 7.5(a)所示，最终因所有分支都拒绝而拒绝。为了简洁，图中某些显然的拒绝分支省略了。另外，实际猜测一个顶点并非只需一步，而是通过每步猜测顶点的一个符号得到。

对图 7.4(a)稍作改动，反转两条边的方向，如图 7.4(b)所示，则有些分支可能进入循环，此时计步器的作用就可以显现，如图 7.5(b)所示。

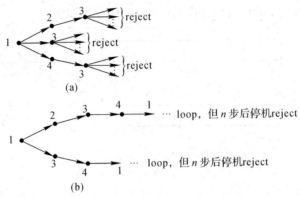

图 7.5 PATH 的非确定型算法示例

现在，我们知道 L 和 NL 中确实有有意义的语言了，那么这两个类处于什么地位呢？

首先，考察 LS 的空间有界 TM 至多运行多少步。这需要考察可能的格局数：输入带头的位置至多有 n 种可能，而状态有 $|Q|$ 种可能，工作带现在至多占用 $O(\log n)$-space，工作带头的位置有 $O(\log n)$ 种可能，工作带上的内容有 $|\varGamma|^{\log n}$ 种可能，最终可能的格局数为

$$n\times|Q|\times O(\log n)\times|\varGamma|^{\log n}=n\times 2^{O(\log n)}=2^{O(\log n)}$$

所以，LS 的 TM 仍然至多走 $2^{O(\log n)}$ 步。因为 $2^{O(\log n)}=n^{k}$（对某个 k），则有

断言 7.8 $L\subseteq P$，$NL\subseteq NP$。

一个耗费空间"少"的算法，走的步数也不会"多"，那么反过来呢？因为 P 模型化了"实际有效"，那么这个问题就可以阐述为：一个实际有效的算法一定耗费"很少"的空间吗？这就是 $L\overset{?}{=}P$ 问题，它也是一个公开问题。

其次，考察 Savitch 定理是否还成立。这只需考察 $\log n$ 是否空间可构造，当然是在新的 TM 模型下。这是显然的，输入 n 的一进制 1^{n}，要计算 $\log n$，只需在工作带上先用二进制计数"1"的个数，得到 n 的二进制，而 $\log n$ 就是 n 的二进制表示的长度，即可以对这个二进制数再用二进制计数器计数其中符号个数即得 $\log n$。整个算法占用空间 $O(\log n+O(\log(\log n)))=O(\log n)$。

由此，

$$L\subseteq NL\subseteq SPACE(\log^{2}n)$$

由空间分层定理（请检查，空间分层定理对空间有界 TM 也仍然成立），

$$L\subsetneq SPACE(\log^{2}n)$$

但 NL 也可能真包含于 $SPACE(\log^{2}n)$，所以 $L\overset{?}{=}NL$ 也是一个公开问题[①]。为此，我们也引入完全性的概念。

7.2.3 NL 完全性

因为未知 $L\overset{?}{=}NL$，所以比 NL 计算更受限的可能是 L，对 NL 完全性的定义应采用 LS

---

① NL 也可以用合适的验证器定义，NL 中的语言也都有"短"证书，但是更受限，想一想这个限制会是什么呢？不是更短，而是只能读一次！参考文献[4]。

的归约。

为引入 NL 完全性的定义，需要首先定义对数空间转换器(LS transducer)的概念，它在空间有界 TM 模型上额外增加了一条输出带。

定义 7.9 LS 转换器 T 是有三条带的 TM，分别为输入带、工作带和输出带，它的状态转移规则形如：

$$(q, a_1, a_2, a_3) \rightarrow (q', a_1', a_2', a_3', d_1, d_2, d_3)$$

d_i 允许是停步不动(Stayput)，即：$d_i \in \{L, R, S\}$，$i = 1, 2, 3$，并且满足以下要求：

（1）工作带只耗费 $O(\log n)$-space。

（2）输入带只读，即必有 $a_1' = a_1$，并且输入带头不能移出有输入的部分，即若 $a_1 = \sqcup$，则必有 $d_1 = L$。

（3）输出带只写，且 $d_3 \neq L$，即输出带头不能左移。

定义 7.10 称函数 $f: \Sigma^* \rightarrow \Sigma^*$ 是对数空间(LS)可计算的，若存在一个 LS 转换器 T 计算它，即：若将 w 放在输入带上运行 T，则 T 最终一定停机，并且停机时输出带上的内容恰为 $f(w)$。

定义 7.11 称语言 A 对数空间归约为语言 B，简记为 $A \leqslant_L B$，若存在一个 LS 可计算的函数 f，使得

$$w \in A \text{ iff } f(w) \in B$$

"$\leqslant_L$"比"$\leqslant_P$"强，因为 LS 可计算的函数一定 PT 可计算。试想对于 LS 转换器 T，因为输出带只写，其上的内容对计算本身没有影响，所以 T 的格局只需考虑前两条带的情况，这和空间有界 TM 相同，当工作带至多 $O(\log n)$-space 时，可能的格局数至多 $2^{O(\log n)}$，因此 T 至多是 PT 的。这也意味着，即使 T 的每一步都写一个符号，它也至多写多项式个符号，即 $|f(w)| \leqslant n^k$，对某个 k。

这里也应注意为 T 引入额外的输出带的作用，如果 T 没有这条输出带，就只能将 $f(w)$ 写在工作带上，那么 $|f(w)|$ 就至多 $O(\log n)$ 长，这个限制过强，可能导致无法找到完全问题。

定义 7.12 语言 B 是 NL 完全的(简记为 NLC)，若

（1）$B \in \mathrm{NL}$；

（2）$\forall A \in \mathrm{NL}$，$A \leqslant_L B$。(NL-hardness)。

对 NL 完全性，不能再使用"$\leqslant_P$"来定义，因为"$\leqslant_P$"太弱，不足以保证 L 和 NL 在其下的封闭性，请自行确认这一点。那么，L 和 NL 在"$\leqslant_L$"下封闭吗？下面以 L 为例证明这一点，对 NL，证明类似。

定理 7.13(L 在"$\leqslant_L$"下封闭) 若 $A \leqslant_L B$，而 $B \in \mathrm{L}$，则 $A \in \mathrm{L}$。

证明 首先考虑按照 P 在"$\leqslant_P$"下封闭的证明：假设 f 是 A 到 B 的 LS 归约，T 是计算 f 的 LS 转换器，M_B 是 B 的 LS 判定器，那么构造 A 的判定器 M_A 如下：

要判定 $w \overset{?}{\in} A$，首先用 T 计算 $f(w)$，然后在 $f(w)$ 上运行 M_B。

现在，$f(w)$ 是 LS 可计算的，$|f(w)|$ 又至多 $2^{O(\log n)}$，所以第二步也只需 $\log(2^{O(\log n)}) = O(\log n)$-space。这是否说明 $A \in \mathrm{L}$ 呢？恐怕还不行，问题在于 M_A 是双带机，它应该将计算出的 $f(w)$ 放在哪里呢？如果放在工作带上，那么工作带就可能占用 $2^{O(\log n)}$-space，就不

再是 LS 的了。

为了解决这一问题，注意到空间是可以重复使用的，没有必要将全部的 $f(w)$ 计算出并放在工作带上，而是需要 $f(w)$ 的第几个符号再计算它即可，每次计算都使用相同的空间，而且是 LS 的。

具体说来，就是修改 T 为 T'，T' 只是计算 $f(w)$ 的一个符号：输入 (w,k)，输出 $f(w)$ 的第 k 个符号。T' 可以模拟 T 的运行，将计算出的符号写入输出带的第一个方格内，每计算一个就覆盖前一个，直到第 k 个符号，如图 7.6 所示。

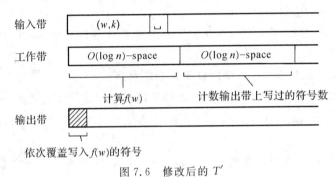

图 7.6　修改后的 T'

虽然 T' 现在需要一个额外的计数器记录写到第几个符号了，但是因为 k 的最大值不过为 $2^{O(\log n)}$，所以计数器的 space 不超过 $O(\log n)$，这样，T' 的工作带上仍然只占用 LS。

现在 M_A 只要跟踪 M_B 输入带头的位置，每当 M_B 需要 $f(w)$ 的一个符号时，就用 T' 计算出该符号。整个过程是 LS 的，所以 $A \in L$。　　　　　　　　　　　　　　　□

定义的合理性就讨论到这里，下面给出一例 NLC 语言，就是我们已经非常熟悉的 PATH 问题，这就是为什么我们曾经提到过该问题在复杂性理论中有重要意义的原因。

定理 7.14　PATH 是 NLC 的。

证明　已证明 PATH $\in$ NL，只需证 $\forall A \in$ NL，$A \leqslant_{\mathrm{L}}$ PATH。

假设 $A \in$ NL，N 是 A 的 LS 的 NDTM 判定器，w 是 A 任意实例，我们需要在 LS 内将 w 改写为 PATH 问题的实例 (G,s,t)，并使"iff"成立。这个 (G,s,t) 事实上有非常明显的候选：令 G 为 N 输入时的计算树，s 为 N 输入 w 时的初始格局 c_{start}，再与 Savitch 定理中一样统一接受格局，记作 c_{accept}，令 $t = c_{\mathrm{accept}}$，则显然

$$w \in A \text{ iff } G \text{ 中从 } s \text{ 到 } t \text{ 有路}$$

实际的 G 包含的顶点可能比计算树上的多：

(1) G 的顶点：N 输入 w 时的所有可能格局：c_i。

(2) G 的边：$\{(c_i, c_j)$：若 $c_i \vdash c_j\}$。

"iff"显然仍然成立，只要证由 w 写出 (G,s,t) 只需 LS，s 和 t 由 w 容易写出，所以下面只考虑 G。

考察 N 的格局的描述：格局需要具体说明当前状态，两个带头位置和工作带上 $O(\log n)$-space 的内容，因为输入带头位置只有 n 种可能，这可以用 $\log n$ 长的二进制串表示，所以整个格局至多表示为 $O(\log n)$ 长的字符串。假设该数值具体为 $k \log n$，k 是常数。

为了写出 G 的顶点，只要逐一地按照字典序检查所有 $k \log n$ 长字符串是否为 N 输入

w 时的可能格局，将通过检查的依次写在工作带上。检查是容易的，只要检查前 $\log n$ 个符号是否为二进制串，后面是否有唯一的状态，等等，这些显然在 LS 内可以完成。

注意这样写出的顶点可能比实际 N 输入 w 时的计算树上的格局多，但可能的输入格局只有一个，所以不影响"iff"。

为了写出 G 的边，只要顺序地对所有的 $k \log n$ 长串构成的对 (c_1, c_2)，检查 c_1 是否为 N 输入 w 时的可能格局（注意因为输出带只写不能读，所以不能读入之前写入的顶点，而只能对所有这样的串重新进行这个检查），再检查按照 N 的状态转移规则是否有 $c_1 \vdash c_2$，将通过检查的依次写在输出带上。后面的这个检查也是容易的，因为对 NDTM，一步之内可能发生改变的部位非常少（只有三个），所以只要检查这几个部位的变化是否符合 N 的规则，其它部位是否都相同，这些也显然在 LS 内可以完成。 □

PATH 能代表 NL 类，而 PATH$\in$P，所以该定理的一个直接推论是 NL$\subseteq$P。

推论 7.15 NL$\subseteq$P。

证明 $\forall A \in$NL，都有 $A \leqslant_L$ PATH，记该归约为 f，则要判定 $x \overset{?}{\in} A$，可以首先计算 $f(x)$，再利用 PATH$\in$P 的判定器判定 $f(x) \overset{?}{\in}$PATH。

只要注意到 f 是 LS 可计算的，从而 f 一定 PT 可计算，而且 $|f(x)|$ 至多多项式长，就容易看出该算法是 PT 的。 □

看来 L 和 NL 事实上刻画了 P 内某些问题的特征。现在，PATH 是 NL 中问题困难性的代表，而 NL$\subseteq$P，那么谁能代表 P 中问题的困难性呢？或者有没有可能 NL＝P？这将意味着 P 中的问题都只需"很少"的空间就可以判定。为此，需要定义 P **完全性**。事实上，我们可以用"$\leqslant_L$"定义 P 完全性。但是，PATH 未必是 P 完全的（除非 NL＝P），因为 PT 的 DTM 的格局长度可能超过 LS，前面的证明不再有效。在电路复杂性的章节中我们将看到判定一个布尔电路在给定输入下是否满足的问题（即：CVAL）是 P 完全的。

7.2.4 NL＝co-NL

回忆补类的概念，复杂性类 C 的补类定义为：
$$\text{co-C}＝\{L: \overline{L}\in C\}, \text{其中} \overline{L}＝\Sigma^*－L$$

对于确定性复杂性类，因为 DTM 的判定规则对称，所以它们的补类总是与之相等，譬如
$$P＝\text{co-P}, \text{PSPACE}＝\text{co-PSPACE}, L＝\text{co-L}$$

对于非确定性复杂性类，因为 NDTM 的判定规则不对称，等式一般都未知是否成立，譬如 NP$\overset{?}{＝}$co-NP。但是，对于空间复杂性类，由 Savitch 定理我们已经知道
$$\text{NPSPACE}＝\text{PSPACE}＝\text{co-PSPACE}＝\text{co-NPSPACE}$$

更令人吃惊的是，还能证明 NL＝co-NL。

定理 7.16 NL＝co-NL。

证明 因为 PATH 是 NLC 的，所以这只要证 PATH$\in$co-NL，或者等价地，
$$\overline{\text{PATH}}＝\{(G,s,t): G \text{ 是从 } s \text{ 到 } t \text{ 无路的有向图}\}\in\text{NL}$$

这由 Immerman-Szelepcsényi 算法给出。该算法要保证 G 中 s 到 t 无路时至少有一个分

支接受，算法描述稍微复杂，下面介绍大致思路。

首先简化问题，假设 G 中从 s 可达的顶点数已知，记为 c，那么要判定 G 中 s 到 t 是否无路，只要非确定性地猜测 c 个由 s 可达的顶点，而 t 不在其中即可接受。

具体来说，相继对 G 中每个顶点 v 非确定性地猜测由 s 是否可达，如果猜测不可达则直接进入下一个顶点的处理，如果猜测可达，则再通过非确定性地猜测从 s 到 v 的路径来确认这一点，如果 n 步内不能验证这一点，则直接拒绝。若 $v=t$（说明 t 由 s 可达），也直接拒绝。在该过程中对那些验证可达的顶点计数，记为 d，当所有顶点走遍后，检查 $d \overset{?}{=} c$，是则接受，否则拒绝。

假设 G 中所有顶点为 $\{v_1,v_2,\cdots,v_n\}$，则计算过程大致如图 7.7 所示。

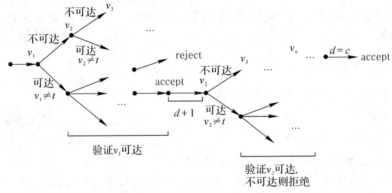

图 7.7　已知 c 时判定 PATH

易于看出如果某个分支正确猜测了 c 个由 s 可达的顶点，而 t 不在其中，那么该分支就会接受。算法计算过程中只记录 v 和从 s 到 v 的路径上的当前顶点，只需 LS，而计数器的最大值至多是 n，也只需 LS，所以整个算法是 LS 的。

接下来考虑如何得到 c。令 c_0 为 G 中从 s 在 0 步内可达的顶点个数，c_1 为 G 中从 s 在 1 步内可达的顶点个数……c_n 为 G 中从 s 在 n 步内可达的顶点个数，显然 $c_0=1$，从 s 在 0 步内可达的顶点只有 s 自身，而 $c_n=c$。

c_{i+1} 可由 c_i 递推产生，这样就可由 c_0 递推直至得到 $c_n=c$。由 c_i 计算 c_{i+1} 的过程与上面类似，对 G 中每个顶点 v（除 s 外）检查是否从 s 在 $i+1$ 步内可达，对通过检查的进行计数（计数器 1）。

为此，设置内循环，首先对 G 中每个顶点 u 非确定性猜测是否从 s 在 i 步内可达，对猜测可达的也需通过非确定性地猜测从 s 到 u 的 i 长路径进行验证，对通过验证的 u 也需计数（计数器 2），并检查 G 中有无边 (u,v)，若有则计数器加 1，并跳出内循环进入外循环的下一个顶点。当内循环结束时，检查计数器 2 是否为 c_i，如果不是则该分支拒绝（非确定性猜测的从 s 在 i 步内可达的 c_i 个顶点并非全部正确），如果是，则直接进入外循环的下一个顶点。此时 v 已确定从 s 在 $i+1$ 步内不可达。

完整的 Immerman-Szelepcsényi 算法如下：

输入 (G,s,t)，

(1) 令 $c_0=1$，$d=0$。

(2) 对 $i=0$ 到 $n-1$: [由 c_i 计算 c_{i+1}]

(3)　　令 $c_{i+1}=1$。 [计数器 1]

(4)　　对 G 中每个顶点 $v(v\neq s)$: [检查由 s 在 $i+1$ 步内是否可达]

(5)　　　令 $d=0$。 [计数器 2]

(6)　　　对 G 中每个顶点 u:

(7)　　　　非确定性地执行或者跳过以下步骤:

(8)　　　　　非确定性地猜测从 s 到 u 的至多 i 长路径,若未到达 u 则拒绝。

(9)　　　　　d 加 1。

(10)　　　　若 (u,v) 是 G 的边,则 c_{i+1} 加 1,并对下一个 v 跳到第 5 步。

(11)　　　若 $d\neq c_i$,则拒绝。

(12) 令 $d=$[已知 c_n,判定从 s 到 t 是否无路]

(13) 对 G 中每个顶点 u:

(14)　　非确定性地执行或者跳过以下步骤:

(15)　　　非确定性地猜测从 s 到 u 的至多 n 长路径,若未到达 u 则拒绝。

(16)　　　若 $u=t$,则拒绝。

(17)　　　d 加 1。

(18) 若 $d\neq c_m$ 则拒绝;否则接受。

在该过程中,计数器都至多 LS,每次又只记录当前的 u,v,i,c_i,c_{i+1},以及路径上的当前顶点,所以整个算法是 LS 的。　　　　　　　　　　　　　　　　　　　　　　□

NL＝co-NL 意味着对于一个只占用 LS 的非确定性算法来说,判定规则已经不再重要,是有一个分支接受就接受还是所有分支都接受则接受,它们是等价的,或者说是在保证 LS 的前提下可以相互转化。(请思考:由 NPSPACE＝co-NPSPACE,对于占用 PS 的非确定性算法,判定规则也不重要,那么对于所有占用 space 不少于 $\log n$ 的算法是否都如此呢?)

总结一下,对空间复杂性类,由空间的可以重复利用性,确实得到了很多良好的结果,目前剩下的公开问题就只有 $L\overset{?}{=}NL\overset{?}{=}P$ 了。也正是因为如此,实际中考虑算法复杂性时,一般会更偏重时间复杂性。

习　　题

1. 证明以下两个不等式中至少有一个成立:$L\neq P$ 和 $P\neq PSPACE$。

2. 假设我们如下定义 PSPACE 完全性(错误的!):

语言 B 是 PSPACE 完全的,若

(1) $B\in PSPACE$。

(2) $\forall A\in PSPACE$,A 可多项式空间归约为 B,记作 $A\leqslant_{PS}B$。

证明:由此定义,PSPACE 中的每个语言(除了空语言 $\varnothing$ 和全语言 Σ^* 外)全都是 PSPACE 完全的。

3. 假设语言 A 是由正确嵌套的括号序列构成,例如"(())"和"(()(()))"都属于 A,

而")("不属于 A，证明：$A \in L$。

4. 证明对数空间归约"$\leqslant_L$"是可传递的，即：若 $A \leqslant_L B$，$B \leqslant_L C$，则 $A \leqslant_L C$（注意细节处的处理）。

再证明：若语言 A 是 P 完全的，且 $A \in L$，则 $L = P$。

5. 试证明：2SAT 是 NL 完全的。

（提示：参考证明 2SAT $\in$ P 的方法证明 2SAT 或 $\overline{2SAT} \in$ NL，再通过 PATH $\leqslant_L \overline{2SAT}$ 证明 NL-hardness。）

6. 回忆强连通图（Strongly Connected graph）的概念。

有向图 G 是强连通的，若对于 G 的每对顶点 (u, v)，从 u 到 v 都有路径。

定义语言：

$$STCONN = \{G：G \text{ 是强连通图}\}$$

证明：STCONN 是 NL 完全的。

（提示：通过 PATH $\leqslant_L$ STCONN。）

7. "Padding" 技巧。

假设 $f(n)$ 是时间可构造的函数，对语言 L 和函数 $f(n)$，定义语言：

$$L_{pad} = \{x \# ^{f(|x|)} | x \in L\}$$

证明：

(1) 若 $f(n)$ 是 poly(n)，则 $L \in$ P iff $L_{pad} \in$ P。

(2) 若 P = NP，则 EXP = NEXP。

(3) 若 L = P，则 PSPACE = EXP。

(4) SPACE$(n) \neq$ P。

第 8 章　随机化算法与随机化复杂性类

在算法中引入随机性，即允许 TM 在计算过程中进行随机选择，也即硬币抛掷（coinflip），这样的算法就称为随机化（Randomized）算法或概率（Probabilistic）算法。

引入随机性对解决实际问题有帮助吗？确实如此，很多重要的计算问题都没有有效的确定性算法，但是有很有效的随机化算法，后面会举几个例子。另外，有时为了解决某些实际问题，随机性是必须的，譬如：安全协议。对于加密，确定性加密往往不安全，当消息空间小，譬如只有两种可能："攻击"和"撤退"时，攻击者在搭线"窃听"到某次密文后，观察接收方的行为就可以确定是"攻击"还是"撤退"，下次再窃听到密文，只需与上次窃听密文进行比对，就可以确定此次是"攻击"还是"撤退"。实际中使用的密码学算法多为概率算法。

8.1　随机化算法实例

最著名的随机化算法是判定素数的 Miller-Rabin 算法，本章末尾会简单介绍，下面先介绍几个其它简单例子。

8.1.1　通信复杂性

在通信复杂性这个问题中，我们假设有两个参与方：Alice 和 Bob，Alice 拥有 x，Bob 拥有 y。问题的目标就是 Alice 和 Bob 以最小的通信量，对某个函数 f，计算函数值 $f(x,y)$。

考虑 f 的一种简单情况：$f(x,y)=EQ(x,y)$，即 $f(x,y)=1$ 当且仅当 $x=y$。

这样的问题在项目匹配（pattern matching）中会出现，在复制数据库的维护中也会出现。以后者为例，假设要在 A、B 两个地方维护同一个数据库的备份，x 是该数据库在 A 地的备份，y 是在 B 地的备份。开始时它们相同，但之后数据库会有更新，如果一切正常，更新会在两地同时发生，从而始终有 $x=y$，但是如果出现异常，则某次更新可能只在一地发生，从而导致 $x \neq y$。为确保这样的事情不会发生，偶尔需要测试一下当前 $x \overset{?}{=} y$。

为此，一种简单的协议是：

（1）Alice 把 x 发给 Bob。

（2）Bob 计算 $EQ(x,y)$，并将结果发回给 Alice。

假设 $x \in \{0,1\}^n$，则该协议的通信量为 $n+1$ 比特。但是，数据库可能很大，譬如 $n=10^{12}$，传输整个数据库经常是不现实的，那么有没有可能以更少的通信量计算出 $EQ(x,y)$ 呢？下面的定理说明如果协议是确定的，则不可能。

定理 8.1　不存在确定性协议可以以少于 $n+1$ 比特的通信量计算出 $EQ(x,y)$。

证明(对输入矩阵分块)　考虑将函数 $f(x,y)$ 写成输入矩阵(input matrix)的形式，如图 8.1 所示。

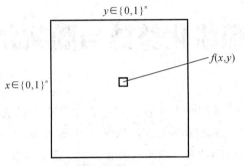

图 8.1　函数的输入矩阵

因为 $x\in\{0,1\}^n$，$y\in\{0,1\}^n$，所以该矩阵是一个 $2^n\times2^n$ 的方阵。x 和 y 一旦确定，对应的 $f(x,y)$ 也就唯一确定。但是现在 Alice 只知道 x，Bob 只知道 y，他们想要确定 $f(x,y)$。

假设 Alice 和 Bob 轮流发送 1 个比特，注意这是不失一般性的(请自行思考为什么如此)。再假设 Alice 先开始，那么

① Alice 发送的第一个比特记作 b_1，b_1 是 0 还是 1 取决于 x 是什么。若 x 取某些值，则 Alice 会发 1；若 x 取另一些值，则 Alice 会发 0。这样，根据比特 b_1，可能的 x 被分为两块，$f(x,y)$ 的可能取值也分为两块，如图 8.2 所示。

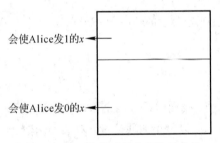

图 8.2　第一比特时输入矩阵的分块

② Bob 发送的第一个比特记作 b_2，它依赖于 y 和 b_1，根据 Alice 发过来的 b_1，有些 y 会使得 Bob 发 1，另一些则使得 Bob 发 0。这样，可能的 y 又被分成两块，但是对不同的 b_1，这个分法可能不同，从而 $f(x,y)$ 的可能取值分为四块，如图 8.3 所示。

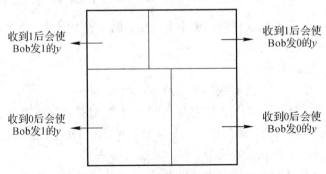

图 8.3　第二比特时输入矩阵的分块

③ k 比特的交互之后，输入矩阵至多被分割为 2^k 块。Alice 和 Bob 已发送过的比特将决定 $f(x,y)$ 在哪一个分块中。如果此时 $f(x,y)$ 的值已经确定，即只有唯一值，那么对该分块中的所有 (x,y)，$f(x,y)$ 都相同（否则 $f(x,y)$ 就还未确定）。

现在考虑函数 $EQ(x,y)$ 的分块，函数值只有两种可能，并且不同行不同列只能有一个 1，典型地，如图 8.4 所示。

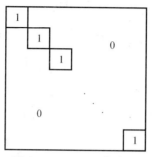

图 8.4　$EQ(x,y)$ 的分块

因为每个 x 只有唯一的 y 可以使函数值为 1，所以无论怎样排列 x 和 y，分块中都必然有 2^n 个单独的 "1" 块（不同行不同列）和至少 1 个 "0" 块，总共至少 2^n+1 块，而 n 比特的通信至多将输入矩阵分成 2^n 块，所以至少需要 $n+1$ 比特的通信才能确定函数 $EQ(x,y)$。　　　　□

如果引入随机性，则可以使用如下的随机化协议：

① Alice 在 $\{1,2,\cdots,4n^2\}$ 中随机选一个素数 p，将 p 和 $x \bmod p$ 发送给 Bob；

② Bob 计算 $y \bmod p$，若 $y \equiv x \bmod p$ 则发送 1 给 Alice，否则发送 0。

首先检查协议的通信量是否改善。因为 $p \leqslant 4n^2$，所以 p 的长度至多为 $\log(4n^2)=O(\log n)$，$x \bmod p$ 不会比 p 大，所以长度也至多 $O(\log n)$，所以协议的通信量为 $O(\log n)$，有明显改善。

然后检查协议的正确性。若 $x=y$，则 $y \equiv x \bmod p$，此时协议一定正确，但是若 $x \neq y$，则 $y \equiv x \bmod p$ 也可能成立，此时协议可能出错，下面分析出错的概率。

因为要使 $y \equiv x \bmod p$，必有 $|y-x| \equiv 0 \bmod p$，即 p 整除 $|y-x|$，也即 p 恰好为 $|y-x|$ 的因子。为此，考察以下两种情况：

(a) $\{1,\cdots,4n^2\}$ 中素数的个数至少为 $2n$。数论函数 $\Pi(N)$ 指出小于等于 N 的素数个数有多少，而数论中有结论 $\Pi(N) \geqslant \dfrac{N}{\log(N)}$（见参考文献[14]），这样

$$\Pi(4n^2) \geqslant \frac{4n^2}{\log(4n^2)} = \frac{4n^2}{2(1+\log n)} \geqslant 2n$$

(b) $|x-y|$ 的素因子个数至多 $\log(|x-y|) \leqslant \log 2^n = n$（参见第 3 章习题）。

所以协议出错的概率至多 $\dfrac{n}{2n} = \dfrac{1}{2}$。重复运行该协议若干次，可将出错概率降到很小，这在学习了后面关于随机化复杂性类的知识之后就会更加清楚。

8.1.2　多项式恒等测试

给定域 $\mathbb{F}$ 上的两个多项式 $p(x_1,x_2,\cdots,x_n)$ 和 $q(x_1,x_2,\cdots,x_n)$，要测试两个多项式是否

恒等，即：$p \overset{?}{\equiv} q$。这意味着在$(x_1, x_2, \cdots, x_n)$的任意一组取值下，两个多项式的值都要相等。这也可以写作$p - q \overset{?}{\equiv} 0$，所以问题可以简化为判定某个多项式$p \overset{?}{\equiv} 0$。

如果给定的多项式p具有化简以后的标准形式，那么只要检查各项系数是否都是0，但如果事实并非如此呢？

回忆范德蒙行列式（Vandermonde determinant），如果要求判定

$$p(x_1, x_2, \cdots, x_n) = det \begin{vmatrix} 1 & x_1 & x_1^2 & \cdots & x_1^{n-1} \\ 1 & x_2 & x_2^2 & \cdots & x_2^{n-1} \\ \vdots & \vdots & \vdots & & \vdots \\ 1 & x_n & x_n^2 & \cdots & x_n^{n-1} \end{vmatrix} - \prod_{j<i}(x_i - x_j) \overset{?}{\equiv} 0$$

应该如何进行呢？

如果采用确定性算法，可以：

(1) 因为$p \equiv 0$意味着对于所有$x = (x_1, x_2, \cdots, x_n) \in F^n$，都有$p(x) = 0$，所以，可以取遍所有$|F|^n$种$(x_1, x_2, \cdots, x_n)$的可能取值，检查$p$在这些取值下是否都等于$0$，这显然需要指数时间才可以完成。

(2) 计算出多项式各项的系数，检查是否全为0。对于上面这个实例，计算行列式就会产生$n! > 2^n$个项（不同行不同列元素乘积，还要区分奇偶排列），一般情况下也可能有指数多个项需要计算（考虑d次多项式可能的项数以及d与多项式自身长度之间的关系），所以也需要指数时间才可以完成。

那么能否给出有效的随机化算法呢？考虑随机选择$(x_1, x_2, \cdots, x_n)$的一组可能取值$(r_1, r_2, \cdots, r_n)$，检查$p(r_1, r_2, \cdots, r_n) \overset{?}{=} 0$。这是否可行呢？如果$F$非有限域，则在$F$上随机选值似乎无法实现，即使$F$是有限域，如果其大小远超$2^n$，如$2^{2^n}$，则随机选择也可能无法有效进行。为此，考虑能否缩小r_i的取值范围呢？下面的Schwartz-Zippel引理将确认这是可行的。

引理 8.2（Schwartz-Zippel） 若$p(x_1, x_2, \cdots, x_n)$是域F上的d次多项式，令S是F的子集，则若$p \not\equiv 0$，必有：

$$\Pr_{r_1, r_2, \cdots, r_n \in S}[p(r_1, r_2, \cdots, r_n) = 0] \leqslant \frac{d}{|S|}$$

证明 只要对变量个数k用数学归纳法：

若$k = 1$，p是单变量d次多项式，我们知道它至多有d个零点，所以

$$\Pr_{r_1 \in S}[p(r_1) = 0] \leqslant \frac{d}{|S|}$$

结论成立。

假设$k \leqslant n-1$时结论都成立，那么当$k = n$时，将$p(x_1, x_2, \cdots, x_n)$写成

$$\sum_{i=0}^{d} x_1^i p_i(x_2, x_3, \cdots, x_n)$$

的形式。假设x_1的最高次项是l次，即l是最大的i，使得$p_i(x_2, x_3, \cdots, x_n) \not\equiv 0$，那么$p_l(x_2, x_3, \cdots, x_n)$就是$n-1$个变量的$d-l$次多项式，由归纳假设，有

$$\Pr_{r_2,\cdots,r_n\in S}\left[p_l(r_2,r_3,\cdots,r_n)=0\right]\leqslant\frac{d-l}{|S|}$$

而当 $p_l(r_2,r_3,\cdots,r_n)\neq 0$ 时，$p(x_1,r_2,\cdots,r_n)$ 只是单变量的 l 次多项式，至多有 l 个零点，所以

$$\Pr_{r_1,r_2,\cdots,r_n\in S}\left[p(r_1,r_2,\cdots,r_n)=0\mid p_l(r_2,r_3,\cdots,r_n)\neq 0\right]\leqslant\frac{l}{|S|}$$

现在，将 $p_l(r_2,\cdots,r_n)=0$ 和 $p_l(r_2,\cdots,r_n)\neq 0$ 作为事件划分，利用全概率公式就有

$$\Pr_{r_1,\cdots,r_n\in S}\left[p(r_1,r_2,\cdots,r_n)=0\right]$$

$$=\Pr_{r_1,\cdots,r_n\in S}\left[p(r_1,\cdots,r_n)=0\mid p_l(r_2,\cdots,r_n)=0\right]\Pr_{r_2,\cdots,r_n\in S}\left[p_l(r_2,\cdots,r_n)=0\right]$$

$$+\Pr_{r_1,\cdots,r_n\in S}\left[p(r_1,\cdots,r_n)=0\mid p_l(r_2,\cdots,r_n)\neq 0\right]\Pr_{r_2,\cdots,r_n\in S}\left[p_l(r_2,\cdots,r_n)\neq 0\right]$$

$$\leqslant\Pr_{r_2,\cdots,r_n\in S}\left[p_l(r_2,\cdots,r_n)=0\right]+\Pr_{r_1,\cdots,r_n\in S}\left[p(r_1,\cdots,r_n)=0\mid p_l(r_2,\cdots,r_n)\neq 0\right]$$

$$\leqslant\frac{d-l}{|S|}+\frac{l}{|S|}=\frac{d}{|S|}$$

由该引理，容易给出一个随机化算法：

(1) 选择一个集合 $S\subseteq\mathbb{F}$，使得 $|S|=2d$。

(2) 从 S 中均匀随机选择 $r_1,r_2,\cdots,r_n$，若 $p(r_1,r_2,\cdots,r_n)=0$，则接受；否则拒绝。

当 $p\equiv 0$ 时，结果不会错，但是当 $p\not\equiv 0$ 时，结果可能错，由上述引理，错误概率小于等于 $\frac{1}{2}$。这与第一个例子类似。

算法中需要知道多项式的次数 d，如果多项式并非标准形式，d 可能不容易得到，但是此时 d 不会超过输入的 p 的长度 $|p|$，可以将 d 设为此值。

分析算法的 time：为从 S 中均匀随机选择一个 r_i，至多需要 $\log(2d)\leqslant O(\log|p|)$ 次 coin-flip，计算一个多项式的值只需要简单的加减和乘幂运算，在 PT 内显然可以完成，所以整个算法是 PT 的。

8.2　概率图灵机

本节给出随机化算法的计算模型——概率图灵机(Probabilistic TM 简记为 PTM)——的形式化定义。

定义 8.3(PTM)　PTM M 是一种特殊的 NDTM，它的每一次非确定性步骤只有两个合法移动，这样的步骤称为硬币抛掷(coin-flip)。对 M 输入某个 w 时的每个分支 b 都赋以某个概率值，譬如对分支 b，

$$\Pr[b]=\frac{1}{2^k}$$

k 为该分支上 coin-flip 的次数。

对 PTM，定义接受和拒绝的概率如下：

$$\Pr[M\text{ 接受 }w]=\sum_{b\text{ 是接受分支}}\Pr[b]$$

$$\Pr[M\text{ 拒绝 }w]=1-\Pr[M\text{ 接受 }w]$$

例如，图 8.5 给出某个 PTM M 在输入 w 上的计算树。图中每一次分叉都对应一次 coin-flip，所以对加黑的分支 b，$\Pr[b] = \dfrac{1}{2^2} = \dfrac{1}{4}$。

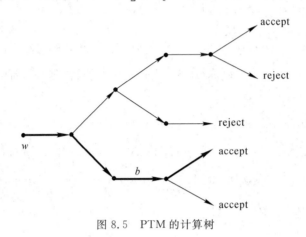

图 8.5 PTM 的计算树

并且

$$\Pr\left[M \text{ 接受 } w\right] = \frac{1}{4} + \frac{1}{8} + \frac{1}{4} = \frac{5}{8}$$

$$\Pr\left[M \text{ 拒绝 } w\right] = 1 - \Pr\left[M \text{ 接受 } w\right] = \frac{3}{8}$$

特别注意，虽然 PTM 与 NDTM 都由一个格局可能转移为多个格局，但是 PTM 与 NDTM 有本质区别：NDTM 的所有分支同时进行，而 PTM 的每次计算只走计算树中的一条分支，走哪条分支取决于 coin-flip 的结果，这意味着对同一个输入，重复 PTM 的运行时，选择的分支一般不同，结果也就可能不同。我们需要的是最终结果正确的概率"足够大"。因此，PTM 并非理想化模型，只是实际中需要考虑如何进行 coin-flip，或者说如何获得这些随机比特，这是值得认真考虑的事情，但这里不做介绍。

8.3 随机化复杂性类

对随机化算法也可以考虑 time 和 space，甚至可以考虑随机化的归约，但是为了不使问题过于复杂，下面只考虑 PT 的随机化算法，并根据判定规则对正确概率的不同要求而定义随机化复杂性类，这些要求分为单边错、双边错和零边错。

8.3.1 单边错复杂性类：RP 和 co-RP

首先定义单边错复杂性类 RP(Randomized Polynomial time)。

定义 8.4 语言 $L \in$ RP，若存在一个 PT 的 PTM M，使得：

(1) 当 $w \in L$ 时，$\Pr[M \text{ 接受 } w] \geqslant \dfrac{1}{2}$；

(2) 当 $w \notin L$ 时，$\Pr[M \text{ 拒绝 } w] = 1$。

因为当 $w \in L$ 时 M 可能拒绝，所以这样的 M "拒绝"可能出错，但"接受"不会错。

考虑将判定规则做"补"。

定义 8.5　语言 $L \in$ co-RP，若存在一个 PT 的 PTM M，使得：

(1) 当 $w \in L$ 时，$\Pr[M \text{ 接受 } w] = 1$；

(2) 当 $w \notin L$ 时，$\Pr[M \text{ 拒绝 } w] \geqslant \dfrac{1}{2}$。

当 $w \notin L$ 时 M 可能接受，所以这样的 M"接受"可能出错，但"拒绝"不会错。

我们之前举的两个随机化算法的例子实际上都属于 co-RP，这可能并非巧合，因为实际可用的随机化算法多数都如此。

RP＝co-RP 目前也还是一个公开问题，试想一个语言有拒绝不会错的算法就一定有接受不会错的算法判定它吗？譬如说还是前面这两个随机化算法的实例，可以设计出接受不会错的算法吗？

需要特别指出的是，这些定义中的"$\dfrac{1}{2}$"并不重要，可以换作任何一个常量 ε，只要 $0 < \varepsilon < 1$，甚至可以换作一个更小的量，只要保证**不可忽略**。

定义 8.6（可忽略函数）　函数 $\gamma(n)$：$\mathbb{N} \to \mathbb{R}$ 是可忽略的，若对于任意一个多项式 $p(\cdot)$，都存在一个 $n_p \in \mathbb{N}$，使得当 $n \geqslant n_p$ 时，$0 < \gamma(n) < \dfrac{1}{p(n)}$。

这就是说，可忽略的量趋向于 0 的速度比任何多项式分之一还快，例如：$\dfrac{1}{2^n}$ 就是可忽略的，比它更小的量也都是。而对于任意一个多项式 $p(n)$，$\dfrac{1}{p(n)}$ 则是不可忽略，因为它至少不会比自身还小。

现在来回答为什么"$\dfrac{1}{2}$"不重要。因为可以通过独立重复运行多次来降低错误概率，**为 RP 减少错误概率（error reduction for RP）**：

考虑将 M 独立重复运行多次，譬如 k 次。因为 M 接受不会错，所以 k 次中只要有一次接受就接受，否则拒绝，记这个新的 PTM 为 M'。

对 M'，若 $w \in L$，则

$$
\begin{aligned}
\Pr[M' \text{ 接受 } w] &= \Pr[k \text{ 次中至少有一次接受}] \\
&= 1 - \Pr[k \text{ 次都拒绝}] \\
&\geqslant 1 - \frac{1}{2^k}
\end{aligned}
$$

若 $k = n$，则错误概率可以降到可以忽略，而 M' 仍然是 PT 的。这也解释了为什么给出随机化算法实例时，只要保证正确概率大于等于 $\dfrac{1}{2}$ 就足够。

另一方面，这也说明定义中的"$\dfrac{1}{2}$"不重要，譬如如果换做一个不可忽略的量 $\dfrac{1}{p(n)}$，则运用与上面同样的算法构造 M'，现在若 $w \in L$，有

$$
\Pr[M' \text{ 接受 } w] \geqslant 1 - \left(1 - \frac{1}{p(n)}\right)^k
$$

只要取 $k = p(n)$（多项式！），后者趋向于 $1 - \dfrac{1}{e}$[①]，已经可以大于 $\dfrac{1}{2}$ 了。

类似地，对 co-RP，因为拒绝不会错，也可以通过重复运行多次，有一次拒绝就拒绝的方式降低错误概率。

8.3.2 双边错复杂性类：BPP

定义 8.7 称 PTM M 以错误概率 ε 判定语言 L，若

(1) 当 $w \in L$ 时，$\Pr[M \text{ 接受 } w] \geqslant 1 - \varepsilon$；

(2) 当 $w \notin L$ 时，$\Pr[M \text{ 拒绝 } w] \geqslant 1 - \varepsilon$。

BPP(Bounded-error Probabilistic PT)是可以错误概率 $\dfrac{1}{3}$ 判定的所有语言构成的类，具体如下：

定义 8.8 语言 $L \in \text{BPP}$，若存在一个 PT 的 PTM M，使得：

(1) 当 $w \in L$ 时，$\Pr[M \text{ 接受 } w] \geqslant \dfrac{2}{3}$；

(2) 当 $w \notin L$ 时，$\Pr[M \text{ 拒绝 } w] \geqslant \dfrac{2}{3}$。

注意现在判定规则是对称的，所以 BPP $=$ co-BPP。

因为定义中 M 正确的概率明显大于 $\dfrac{1}{2}$，所以这样的判定规则称为**明显多数**(clear majority)判决。事实上，定义中的 "$\dfrac{1}{3}$" 不重要，只要保证正确概率明显大于 $\dfrac{1}{2}$ 即可，即："$\dfrac{1}{3}$" 可以换作任意的常数 ε，只要 $0 < \varepsilon < \dfrac{1}{2}$，甚至可以换成更大的 $\dfrac{1}{2} - \dfrac{1}{p(n)}$，此时正确的概率大于等于 $\dfrac{1}{2} + \dfrac{1}{p(n)}$，比 $\dfrac{1}{2}$ 多的那一部分不可忽略。

之所以如此，是因为我们也可以通过独立重复运行多次为 BPP **降低错误概率**(error reduction for BPP)。但需要注意的是，与 RP 时的情况不同，M 现在接受和拒绝都可能出错，所以不能是有一次接受就接受或有一次拒绝就拒绝（请自行确认这是为什么），而是要以多数结果作为最终结果，即多次运行中多数接受就接受，否则拒绝。下面的**加强引理**将证明这个方法是可行的。

引理 8.9(加强引理，Amplification Lemma) 若 ε_1 和 ε_2 是常数，且 $0 < \varepsilon_1 < \varepsilon_2 < \dfrac{1}{2}$，则 L 可以错误概率 ε_1 判定当且仅当 L 可以错误概率 ε_2 判定。

证明 必要性显然，下证充分性，即：如果一个语言可以错误概率 ε_2 判定，那么也一定可以以更小的错误概率 ε_1 判定。

假设 M 以错误概率 ε_2 判定语言 L，那么，若输入 w，M 运行一次判定结果正确的概率

---

① 回忆高等数学的知识：$\displaystyle\lim_{x \to \infty} \left(1 + \dfrac{1}{x}\right)^x = \mathrm{e}$。

为 p，则 $p \geqslant 1 - \varepsilon_2$。如果记 $1 - \varepsilon_2 = \dfrac{1}{2} + \delta$，$0 < \delta < \dfrac{1}{2}$，那么

$$\Pr[M \text{ 在 } w \text{ 上正确}] = p \geqslant \frac{1}{2} + \delta$$

$$\Pr[M \text{ 在 } w \text{ 上错误}] = 1 - p \leqslant \frac{1}{2} - \delta$$

现构造 M' 如下：独立重复运行 M 多次，譬如 N 次，取 N 次运行结果的多数作为最终结果。下面证明对于足够大的 N，M' 的错误概率将降为 ε_1。

我们希望 M' 正确，这需要 N 次运行中多数都正确，即正确的次数至少为 $\dfrac{N}{2} + 1$。令

$$p_k = \Pr[N \text{ 次中恰好有 } k \text{ 次正确}]$$

现在只要证

$$\sum_{k = \frac{N}{2} + 1}^{N} p_k \geqslant 1 - \varepsilon_1$$

这等价于

$$\sum_{k=0}^{\frac{N}{2}} p_k \leqslant \varepsilon_1$$

令 $F = \sum\limits_{k=0}^{\frac{N}{2}} p_k$，注意到当 $k \leqslant \dfrac{N}{2}$ 时，

$$p_k = \mathrm{C}_N^k p^k (1-p)^{N-k}$$

$$\leqslant \mathrm{C}_N^k \left(\frac{1}{2} + \delta\right)^k \left(\frac{1}{2} - \delta\right)^{N-k}$$

（这只要考查 $p^k (1-p)^{N-k}$ 作为 p 的函数在 $p > \dfrac{1}{2}$、$k < \dfrac{N}{2}$ 时的单调性）

$$\leqslant \mathrm{C}_N^k \left(\frac{1}{2} + \delta\right)^k \left(\frac{1}{2} - \delta\right)^{N-k} \left(\frac{\dfrac{1}{2} + \delta}{\dfrac{1}{2} - \delta}\right)^{\frac{N}{2} - k}$$

$$= \mathrm{C}_N^k \left(\frac{1}{4} - \delta^2\right)^{\frac{N}{2}}$$

由此，

$$F = \sum_{k=0}^{\frac{N}{2}} p_k \leqslant \sum_{k=0}^{\frac{N}{2}} \mathrm{C}_N^k \left(\frac{1}{4} - \delta^2\right)^{\frac{N}{2}} \leqslant \left(\frac{1}{4} - \delta^2\right)^{\frac{N}{2}} \cdot 2^N$$

$$= \left(\frac{1}{4} - \delta^2\right)^{\frac{N}{2}} \cdot 4^{\frac{N}{2}} = (1 - 4\delta^2)^{\frac{N}{2}}$$

想要 $F \leqslant \varepsilon_1$，只要

$$N \geqslant \frac{2 \log \varepsilon_1}{\log (1 - 4\delta^2)}$$

注意，这只是一个常数，所以只要 M 是 PT 的，M' 也是，且 M' 的错误概率至多为 ε_1。 □

考察一个具体实例。若运行一次成功的概率为 0.6，想将成功的概率增大到 0.99，需要独立重复运行多少次？

这里 $\varepsilon_2 = 0.4$，所以 $\delta = 0.1$，而 $\varepsilon_1 = 0.01$，要将错误概率由 0.4 降为 0.01，需要

$$N \geqslant \frac{2 \log \varepsilon_1}{\log(1-4\delta^2)} = \frac{2\log 0.01}{\log(1-4\times(0.1)^2)} \approx 226 \text{ 次}$$

实际中，由概率论中关于 Chernoff bound 的知识（见参考文献[15]），可以改善独立重复的次数，$N \approx O\left(-\frac{2\log\varepsilon_1}{\delta^2}\right)$ 即可。

下面考察 RP 和 BPP 的关系。

断言 8.10 $RP \subseteq BPP$（类似地，$co\text{-}RP \subseteq BPP$）。

证明 假设 $L \in RP$，M 是 L 的符合 RP 定义的 PTM 判定器，构造 M^* 只要将 M 独立重复运行两次，有一次接受就接受，就可以使得

(1) 当 $w \in L$ 时，$\Pr[M^* \text{接受} w] \geqslant 1 - \frac{1}{4} = \frac{3}{4} \geqslant \frac{2}{3}$；

(2) 当 $w \notin L$ 时，$\Pr[M^* \text{拒绝} w] = 1 \geqslant \frac{2}{3}$。

M^* 满足 BPP 的要求，所以 $L \in BPP$。 □

由此，如果不考虑 time 的具体差别，单边错算法要比双边错算法好。那么，有没有更好的"零边错"算法呢？

8.3.3 零边错复杂性类：ZPP

零边错算法不允许给出错误的判定，但允许输出失败：fail。相关的复杂性类是 ZPP (Zero-error Probabilistic PT)，具体如下：

定义 8.11 语言 $L \in ZPP$，若存在 PT 的 PTM M，s.t.

(1) $\Pr[M \text{ 输出"fail"}] \leqslant \frac{1}{2}$；

(2) 否则 M 一定正确。

即：

(1) 当 $w \in L$，M 或者接受或者输出"fail"，且 $\Pr[M \text{ 输出"fail"}] \leqslant \frac{1}{2}$；

(2) 当 $w \notin L$，M 或者拒绝或者输出"fail"，且 $\Pr[M \text{ 输出"fail"}] \leqslant \frac{1}{2}$。

这个定义看似有些奇怪，但其实

断言 8.12 $ZPP = RP \cap co\text{-}RP$。

证明 首先若 $L \in ZPP$，M 是其符合 ZPP 定义的判定器，构造 M'：运行 M 只要 M 输出"fail"就拒绝，则显然 M' 符合 RP 定义，所以 $L \in RP$。同理也有 $L \in co\text{-}RP$，从而 $L \in RP \cap co\text{-}RP$。

反之，若 $L \in RP \cap co\text{-}RP$，那么 L 既有符合 RP 定义的判定器 M_1，也有既符合co-RP 定义的判定器 M_2，M_1 接受不会错，M_2 拒绝不会错，构造 M^* 如下：

并行调用 M_1 和 M_2，若 M_1 接受则接受，若 M_2 拒绝则拒绝，其它都输出"fail"。

显然，M^* 符合 ZPP 的定义，所以 $L \in$ ZPP。　　　　　　　　　　　　　□

对 ZPP，也可以通过独立重复运行降低输出"fail"的概率，因为只要有一次不"fail"就一定正确。

人们为以上三类随机化算法分别起了一个赌城的名字，单边错的算法称为 Monte Carlo 型算法，双边错的算法称为 Atlantic City 型算法，而零边错的算法称为 Las Vegas 型算法。显然 Las Vegas 型算法是最理想的随机化算法，但是已知的 Las Vegas 型算法并不多，最著名的就是判定素数的算法，这是复杂性理论中一个非常重要的结果，后面会做相关介绍。

8.3.4　PP

在前面的随机化复杂性类中，BPP 的要求最弱，而 BPP 算法在实际中已经可以算作有效的算法了，因为独立重复多次（譬如多项式次）就很容易将错误概率降到可以忽略（请验证）。现在考虑有效随机化算法的极限，还能继续再降低要求吗？可否将判定规则"明显多数"弱化为只是"多数（majority）"呢？即：正确概率只是大于甚至等于 $\frac{1}{2}$。

因为只要抛硬币就可以以 $\frac{1}{2}$ 的正确概率判定任何一个语言，所以为了使定义有意义，"等于"至多只能取在一边。由此，得到随机化复杂性类 PP（Probabilistic PT）：

定义 8.13　语言 $L \in$ PP，若存在 PT 的 PTM M，使得：

(1) 当 $w \in L$ 时，$\Pr[M \text{ 接受 } w] > \frac{1}{2}$；

(2) 当 $w \in L$ 时，$\Pr[M \text{ 接受 } w] \leqslant \frac{1}{2}$（或等价地，$\Pr[M \text{ 拒绝 } w] \geqslant \frac{1}{2}$）。

PP 的定义比 BPP 的要求低，所以显然 BPP $\subseteq$ PP。

另外，定义中只要求"$>$（或 $\geqslant$）$\frac{1}{2}$"，比 $\frac{1}{2}$ 多的那部分可能是可以忽略的，譬如只是 $\frac{1}{2} + \frac{1}{2^n}$，此时如用类似 BPP 降低错误概率的方法，需要重复指数多次才能将错误概率降到 $\frac{1}{3}$（请验证），这已经不再是 PT 的了，所以这样的算法在实际中用处不大。

尽管如此，PP 中仍然有一些有趣的语言，譬如：

$$\text{MAJSAT} = \{\varphi : \varphi \text{ 是布尔表达式，且 } \varphi \text{ 的多数赋值是满意赋值}\}$$

假设 φ 有 n 个变量，那么可能的赋值有 2^n 组，若 $\varphi \in$ MAJSAT，则 φ 至少有 $2^{n-1} + 1$ 组满意赋值。

考虑 MAJSAT $\overset{?}{\in}$ NP。直观上，φ 的多数赋值是满意赋值的可能的证书是 $2^{n-1} + 1$ 组满意赋值，但这已经指数级长了，所以不能说明 MAJSAT $\in$ NP，但是容易证明：

断言 8.14　MAJSAT $\in$ PP。

证明　构造一个 PTM M 如下：

首先做 n 次 coin-flip，即均匀随机选一组赋值，再在这组赋值下计算 φ，若为真则接受，否则拒绝。

显然 M 是 PT 的，并且：

(1) 当 $\varphi \in \text{MAJSAT}$ 时，$\Pr[M\text{ 接受 }\varphi] \geq \dfrac{2^{n-1}+1}{2^n} = \dfrac{1}{2} + \dfrac{1}{2^n} > \dfrac{1}{2}$。

(2) 当 $\varphi \notin \text{MAJSAT}$ 时，$\Pr[M\text{ 接受 }\varphi] \leq \dfrac{2^{n-1}}{2^n} = \dfrac{1}{2}$。

M 符合 PP 的定义。 □

PP 中存在一个可能不在 NP 中的语言，由此，可以设想 PP 可能比 NP 大，稍后会证明这一点。既然 PP 更大，里面一定也有困难的问题，可以尝试用多项式时间的 Karp 归约 "$\leq_P$" 定义 **PP-完全性**。事实上，MAJSAT 正是一个 PP 完全的语言，但是此处我们不再证明这一点，可以参考参考文献[36]和[37]。

PP 的判定规则不对称，这使得我们不能直接确定 $PP \overset{?}{=} \text{co-PP}$。但是下面将证明(2)中的 "$=$" 可以去掉。

定理 8.15(PP 的等价定义) $L \in \text{PP}$，当且仅当存在 PT 的 PTM M'，使得：

(1) 当 $w \in L$ 时，$\Pr[M\text{ 接受 }w] > \dfrac{1}{2}$；

(2) 当 $w \notin L$ 时，$\Pr[M\text{ 拒绝 }w] > \dfrac{1}{2}$。

证明 充分性显然，下证必要性。

假设 $L \in \text{PP}$，M 是其满足 PP 定义的 PTM 判定器，且 M 的 time 是 $p(n)$，$p(\cdot)$ 是一个多项式。不失一般性，假设 $p(n) > 1$。[①]

因为 M 的每条分支上至多进行 $p(n)$ 次 coin-flip，所以

$$\Pr[M\text{ 的任一分支 }] \geq \frac{1}{2^{p(n)}}$$

现在需要构造一个新的 M'，它需要稍微增加拒绝的概率，但接受的概率又不会减少太多，这可以通过给 M 拒绝这一事件并上一个小概率事件来达到：

输入 L 的一个实例 w，首先在 w 上运行 M，然后再做 $p(n)$ 次 coin-flip，若 M 接受且至少有一次 coin-flip 的结果是正面（"head" 或 1），则 M' 接受，否则，也即若 M 拒绝或全部 coin-flip 的结果都是背面（"tail" 或 0），则 M' 拒绝。

考察 M' 接受或拒绝的概率：

(1) 若 $w \in L$，则

$$\begin{aligned}\Pr[M'\text{ 接受 }w] &= \Pr[M\text{ 接受 }w\text{ 且至少有一次 "head"}]\\ &= \Pr[M\text{ 接受 }w] \cdot \Pr[\text{至少一次 "head"}]\\ &\geq \left(\frac{1}{2} + \underbrace{\frac{1}{2^{p(n)}}}_{\text{一条分支的概率}}\right) \cdot \left(1 - \frac{1}{2^{p(n)}}\right)\\ &= \frac{1}{2} + \frac{1}{2^{p(n)}} - \frac{1}{2^{p(n)+1}} - \frac{1}{2^{2p(n)}}\end{aligned}$$

---

① 若只有 $p(n) > 0$，可在 M' 的构造中多加一次 coin-flip。

$$= \frac{1}{2} + \frac{1}{2^{p(n)}} \left(1 - \frac{1}{2} - \frac{1}{2^{p(n)}} \right)$$

$$> \frac{1}{2}$$

（2）若 $w \notin L$，则

$$\Pr[M' \text{拒绝} w] = \Pr[M \text{拒绝} w \text{ 或所有 coin-flip 都是 tail}]$$

$$= \Pr[M \text{拒绝} w] + \Pr[\text{所有 coin-flip 都是 tail}]$$

$$- \Pr[M \text{拒绝} w \text{ 且所有 coin-flip 都是 tail}]$$

现在假设 $\Pr[M \text{拒绝} w] = \frac{1}{2} + x$，其中 $x \geqslant 0$，那么

$$\Pr[M' \text{拒绝} w] = \left(\frac{1}{2} + x \right) + \frac{1}{2^{p(n)}} - \left(\frac{1}{2} + x \right) \cdot \frac{1}{2^{p(n)}}$$

$$= \frac{1}{2} + \underbrace{x \left(1 - \frac{1}{2^{p(n)}} \right)}_{\geqslant 0} + \underbrace{\left(\frac{1}{2^{p(n)}} - \frac{1}{2^{p(n)+1}} \right)}_{> 0}$$

$$> \frac{1}{2}$$

另外，M' 的 time 是 $p(n) + p(n)$，仍是多项式。

现在，PP 的判定规则也具有对称性，所以得出推论 8.16。

推论 8.16 co-PP = PP。

8.4 随机化复杂性类与其他复杂性类之间的关系

首先，因为 DTM 可以看作是进行了 0 次 coin-flip 的 PTM，且正确概率为 1，所以有断言 8.17。

断言 8.17 P 包含于前面定义过的任何一个随机化复杂性类。

其次，有断言 8.18。

断言 8.18 前面定义过的任何一个随机化复杂性类都包含于 PSPACE。

证明 假设 M 是一个 PT 的 PTM，其 time 为 $p(n)$，那么 M 至多进行 $p(n)$ 次 coin-flip。DTM M' 可以穷举所有可能的 $p(n)$ 长比特串，并以当前串作为 coin-flip 的结果模拟 M 的运行，最后统计接受和拒绝的次数，根据不同随机化复杂性类的要求接受或拒绝。譬如，对于 RP，若接受次数过半则接受，否则拒绝。

M' 需要一个额外的计数器，而计数器的最大值为 $2^{p(n)}$，所以至多占用 $\log(2^{p(n)}) = p(n)$-space，而 M 是 $p(n)$-time 的，所以也至多占用 $(p(n)+1)$-space。因此 M' 是 PS 的。

再次，有断言 8.19。

断言 8.19 RP $\subseteq$ NP，co-RP $\subseteq$ co-NP。

证明 假设 $L \in$ RP，M 是其符合定义的 PTM 判定器，则只要将 M 的所有随机化步骤替换为非确定性步骤，就能保证

（1）当 $w \in L$ 时，因为 $\Pr[M \text{接受} w] \geqslant \frac{1}{2}$，从而至少有一条接受分支；

（2）当 $w \notin L$ 时，因为 $\Pr[M \text{ 拒绝 } w] = 1$，从而所有分支都拒绝。

同理，可证 co-RP $\subseteq$ co-NP。 □

最后，我们验证前面的猜想：PP 可能比 NP 大。

定理 8.20 NP $\subseteq$ PP。

思路 因为 NDTM 和 PTM 的计算都是树的形式，所以考虑直接将 NDTM 的计算树改造成一个 PTM 的计算树，且满足 PP 的要求。对 NDTM，每个步骤都有多个可能的合法转移，且有一个分支接受就接受。而对 PP，每个步骤至多有两个可能的转移，且正确分支要占多数。为此，针对 NDTM 的以上两点分别进行改造。

证明 假设 $L \in \text{NP}$，N 是其 PT 的 NDTM 判定器。

首先要将多个合法转移改造为只有两个，这可以通过将 N 的计算树改造成二叉树得到，即构造 N' 如下：

假设 N 的计算树上某个节点有 k 个可能的分支，那么

（1）若恰好有 $k = 2^m$，m 是某个正整数，则只需将这 k 个分支替换成 m 长的二叉树分支，恰好 2^m 个。在这些二叉树路径上，每次非确定步骤只是选择下一步走哪条分支；

（2）若 $2^{m-1} < k < 2^m$，m 是某个正整数，则添加 $2^m - k$ 条拒绝分支，再做与上面相同的处理。

显然，若 N 在某个 w 上的运行有接受分支，则 N' 也有，若 N 在 w 上所有分支拒绝，则 N' 也是。因此 N' 也是 L 的判定器，而且 N' 的 time 至多是 N 的常数倍，所以仍然 PT。

N' 的每个非确定性步骤只有两个选择[①]，已经可以作为 PTM 的候选了，但是还要进行修改才能满足 PP 的要求。

将 N' 中的非确定性步骤替换为 coin-flip，记这个 PTM 为 M'，并构造 PTM M'' 如下：

输入 L 的一个实例 w，首先进行一次 coin-flip，若为 "head" 则在 w 上运行 M'，若为 "tail" 则直接接受。

对于 M''，分以下两种情况：

（1）当 $w \in L$ 时，因为 M' 至少有一个接受分支，所以 $\Pr[M'' \text{ 接受 } w] \geqslant \frac{1}{2}$；

（2）当 $w \notin L$ 时，因为 M' 所有分支都是拒绝分支，所以 $\Pr[M'' \text{ 拒绝 } w] = \frac{1}{2}$。

这符合 PP 的第一个定义。

总结以上关系和随机化复杂性类自身之间的关系，得到复杂性类之间的关系图 8.6，图中箭头表示包含方向。

从图中可以看出：ZPP 是最好的随机化算法，那么可不可能有 ZPP＝P 呢？BPP 是有效随机化算法的极限，那么 BPP＝NP 吗？随机性和非确定性作为两种不同的计算资源似乎无法进行比较。这些都是复杂性理论中非常有趣的公开问题。

[①]有些文献中 NDTM 的定义就采用二叉树的形式，即状态转移函数是 1 对 2 的。这里我们可以看出它与我们的定义是等价的。

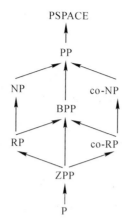

图 8.6　复杂性类关系图

8.5　素数问题 PRIME

回忆素数问题：

$$\text{PRIME} = \{N: N \in \mathbb{N} \text{ 是素数}\}$$

假设 N 的长度为 $n = O(\log N)$，判定 N 是否素数的最直观的方法是分别以 $2, 3, \cdots,$ $\sqrt{N}$ 对 N 进行试除，但是这需要进行 $\sqrt{N} - 1 = O(2^{\frac{n}{2}})$ 次试除，是指数时间的。

事实上，PRIME 在复杂性理论中是一个非常重要的问题，前面已经提到过，它是我们知道的几乎唯一一个具有 ZPP 型 PTM 判定器的例子，它也是我们目前知道的为数不多的证明某个语言属于 NP 不平凡的例子。

定理 8.21　对 PRIME，有以下结论：

（1）PRIME $\in$ NP；

（2）PRIME $\in$ co-NP；

（3）PRIME $\in$ RP；

（4）PRIME $\in$ co-RP；

（5）PRIME $\in$ P。

定理中（2）是显然的，因为 PRIME 的补语言就是 COMPOSITE，而显然 COMPOSITE $\in$ NP，所以 PRIME $\in$ co-NP。

（1）和（2）说明 PRIME $\in$ NP $\cap$ co-NP。

（3）的证明需要用到高级数论的知识，这里不做介绍，感兴趣可以参考参考文献[38]。

（3）和（4）说明 PRIME $\in$ RP $\cap$ co-RP = ZPP。

因为长期以来人们没有找到 PT 的确定性算法判定 PRIME，所以人们曾相信 PRIME 在 NPI 中，直到 2002 年年底，三位数学家用初等数论的知识证明了 PRIME $\in$ P，他们给出的算法简洁，证明也比较初级，参阅参考文献[39]。

需要特别指出的是该算法的 time 高达 $O(n^{16.5})$，所以虽然在理论上非常重要，但实际中还是使用效率更高的随机化算法。

下面将证明(1)和(4)。

8.5.1 PRIME∈NP

考虑 N 是素数是否可以有一个"短"证书呢？似乎没有显然的答案，这与之前我们证明其它语言属于 NP 时明显不同。事实上，这个证书并不平凡，它基于下面的数论和代数事实给出(见参考文献[17])。

定理 8.22 假设整数 $N \geqslant 2$，$q_1^{\alpha_1} q_2^{\alpha_2} \cdots q_k^{\alpha_k}$ 是 $N-1$ 的素分解，则下述等价：

(1) N 是素数。

(2) $\mathbb{Z}_N^*$ 有生成元，即：存在 $g \in \mathbb{Z}_N^*$，$\mathrm{ord}_N(g) = N-1$，$\mathrm{ord}_N(\cdot)$ 表示元素的阶。

(3) 存在 $g \in \mathbb{Z}_N^*$，$g^{N-1} \bmod N \equiv 1$，且对于任意的 i，$g^{\frac{N-1}{q_i}} \bmod N \not\equiv 1$。

由(2)，N 是素数的证书可以是 $\mathbb{Z}_N^*$ 的一个生成元 g，但是怎么验证 g 是生成元呢？从 g^1，g^2……一直计算到 g^{N-2}，g^{N-1}，再检查除最后一项是 1 之外，其余各项是不是都不等于 1 且各不相同，但这就需要指数时间了。事实上(3)告诉我们并不需要这样做，只需验证 $g^{N-1} \bmod N \equiv 1$ 和对于任意的 i，$g^{\frac{N-1}{q_i}} \bmod N \not\equiv 1$。如此一来 N 是素数的证书应包含 $\mathbb{Z}_N^*$ 的一个生成元 g 和 $N-1$ 的所有素因子。逐个验证某个 q_i 确为 $N-1$ 的素因子太累赘，不如直接提供 $N-1$ 的素分解。验证器只需验证(3)中描述的事实是否成立。但是因为需要验证 $N-1$ 的"素"分解，这又需要验证 $q_1, q_2, \cdots, q_k$ 都是素数，所以证书中还需要包含证明这些数也是素数的内容，这使得证书的构成更加复杂，需要递归产生。

下面给出一个简单的例子：

例：假设 $N=31$，它是一个素数，那么证明它是素数的证书都需要些什么呢？

首先是 $\mathbb{Z}_{31}^*$ 的一个生成元，可以检查 12 就是。注意找生成元一般来说可能不容易，但作为证书的一部分，只要存在即可。

其次是 $31-1=30$ 的素分解：$2^1 \times 3^1 \times 5^1$。

还需要 $q_1=2$、$q_2=3$、$q_3=5$ 自身是素数的证书。

因此，

$$\mathrm{cert} = (12, (2,1,\mathrm{cert}_1), (3,1,\mathrm{cert}_2), (5,1,\mathrm{cert}_3))$$

其中 cert_i 是 q_i 是素数的证书。

因为 2 是最小的素数，我们令 $\mathrm{cert}_1 = \varepsilon$(空串)。为证明 3 是素数，显然 2 是 $\mathbb{Z}_3^*$ 的生成元，且 $3-1=2$ 的素分解时 2^1，2 已是最小的素数，所以 $\mathrm{cert}_2 = (2,(2,1,\varepsilon))$。又 $5-1=4=2^2$，且显然 3 是 $\mathbb{Z}_5^*$ 的生成元，所以 $\mathrm{cert}_3 = (3,(2,2,\varepsilon))$。

综上，

$$\mathrm{cert} = (12, (2,1,\varepsilon), (3,1,(2,(2,1,\varepsilon))), (5,1,(3,(2,2,\varepsilon))))$$

现在，考虑一下证书的长度，是否"短"呢？即关于 N 的长度 n 是否只是多项式。

一般情况下，

$$\mathrm{cert} = (g, (q_1, \alpha_1, \mathrm{cert}_1), (q_2, \alpha_2, \mathrm{cert}_2), \cdots, (q_k, \alpha_k, \mathrm{cert}_k))$$

证书中的 $g, q_1, q_2, \cdots, q_k, \alpha_1, \alpha_2, \cdots, \alpha_k$ 都不会比 N 大，长度也至多 n，而在第 4 章的习题中我们也了解到 N 至多有 $\log N$ 个素因子，即 $k \leqslant \log N$，因此这些内容的长度总和至多 $O(\log^2 N) = O(n^2)$。但是，所有 cert_i 的长度呢？如果也能保证是 $O(\log^2 N)$ 长，则证

书长度为 $O(n^2)$，是"短"的。事实确实如此，这由以下断言给出。

断言 8.23　$|\mathrm{cert}|=O(\log^2 N)=O(n^2)$。

证明　对 N 自身的大小用数学归纳法：

当 $N=2$ 时，$|\mathrm{cert}|=0<\log^2 2=1$，结论成立。

现在假设该结论对比 N 小的数都成立，那么

$$|\mathrm{cert}_1|=O(\log^2 q_1)$$
$$|\mathrm{cert}_2|=O(\log^2 q_2)$$
$$\vdots$$
$$|\mathrm{cert}_k|=O(\log^2 q_k)$$

最后

$$
\begin{aligned}
|\mathrm{cert}| &\leqslant \log N+2k\log N+|\mathrm{cert}_1|+|\mathrm{cert}_2|+\cdots+|\mathrm{cert}_k| \\
&\leqslant \log N+2\log N\log N+O(\log^2 q_1+\log^2 q_2+\cdots+\log^2 q_k) \\
&\leqslant O(\log^2 N)+O((\log q_1+\log q_2+\cdots+\log q_k)^2) \\
&= O(\log^2 N)+O((\log(q_1 \cdot q_2 \cdots q_k))^2) \\
&\leqslant O(\log^2 N)+O((\log N)^2) \\
&= O(\log^2 N) \\
&= O(n^2)
\end{aligned}
$$
□

再来考察这个证书的验证在 PT 内能否完成。验证器 V_{prime} 要验证 g 是 $\mathbb{Z}_N^*$ 中的生成元，$q_1^{\alpha_1}q_2^{\alpha_2}\cdots q_k^{\alpha_k}$ 是 $N-1$ 的素分解，这里显然需要递归地调用 V_{prime} 自身。下面以伪代码形式给出 V_{prime}：

$V_{\mathrm{prime}}(N,\mathrm{cert})$

If $N=2$ then accept

If N is even then reject

Parse cert as $(g,(q_1,\alpha_1,\mathrm{cert}_1),\cdots,(q_k,\alpha_k,\mathrm{cert}_k))$

If all the following hold then accept else reject：

（1）$1\leqslant g\leqslant N-1$ and $\gcd(g,N)=1$　　$(g\in\mathbb{Z}_N^*)$

（2）$q^{N-1}\bmod N=1$

（3）For all i：$g^{(N-1)/g_i}\bmod N\neq 1$　　$(\mathrm{ord}_N(g)=N-1)$

（4）For all i：$\alpha_i\geqslant 1$

（5）$N-1=q_1^{\alpha_1}\cdots q_k^{\alpha_k}$

（6）For all i：$V_{\mathrm{prime}}(q_i,\mathrm{cert}_i)$ accepts

考察 V_{prime} 的 time，因为求最大公因子（gcd）和模幂运算都有 PT 算法，所以关键是递归调用的次数。

观察图 8.7 的树形结构，因为对每个素数 q（除了 2），$q-1$ 都有一个素因子是 2，2 是素数不需要证书，所以树的叶子节点一定都标识为 2，而对于标识非 2 的节点都需递归调用 V_{prime}，这些节点都非叶子节点。也就是说，V_{prime} 的递归调用次数恰为该树中非叶子节点的个数。

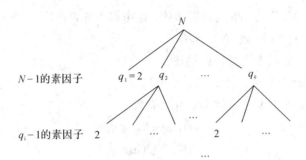

图 8.7　递归树形图

因为每个非叶子结点都至少产生一个叶子结点，所以

非叶子结点的数目 $\leqslant$ 叶子结点的数目

注意到孩子节点的乘积都小于父母节点，所以下一层节点的乘积都小于上一层节点的乘积，最终所有叶子节点的乘积小于根节点。记叶子节点的个数为 L，则 $2^L < N$，也即 $L < \log N$。由此递归的次数至多 $\log N = n$，所以 V_{prime} 是 PT 的。

8.5.2　PRIME $\in$ co-RP

Miller-Rabin 算法是实际中最常用的素数判定算法，它是一个符合 co-RP 规则的算法。为简单起见，此处只介绍该算法的一个简化版，但足以说明 PRIME $\in$ co-RP。

关于素数有著名的费马小定理：

定理 8.24　(Fermat's little theorem)。若 p 为素数，则对于任意的 $a \in \mathbb{Z}_p^*$，$a^{p-1} \equiv 1 \bmod p$。

由此是否可以考虑随机选择一个 $a \in \mathbb{Z}_p^*$，若 $a^{p-1} \equiv 1 \bmod p$ 则接受，否则拒绝呢？遗憾的是，存在一种伪素数，称为 Carmichael 数[①]也满足这一性质。因为 Carmichael 数很少，所以实际中如果使用这个算法，性能很好，但是现在当 N 是 Carmichael 数(合数)时，接受的概率也为 1，不能保证 co-RP 的第二条规则。

我们还需要更进一步的知识。

定理 8.25　假设 $N \geqslant 2$，令 $S_N = \{ a \in \mathbb{Z}_N^* : a^{(N-1)/2} \equiv J_N(a) \bmod N \}$，$J$ 表示 Jacobi 符号。则：

(1) 若 N 是素数，$S_N = \mathbb{Z}_N^*$。

(2) 若 N 是合数，$|S_N| \leqslant \dfrac{|\mathbb{Z}_N^*|}{2}$。

证明　当 N 是素数时，Jacobi 符号就是 Legendre 符号，而后者恰好等于 $a^{(N-1)/2} \bmod N$。

当 N 是合数时，因为 S_N 中的任意元素 a 都满足 $a^{N-1} \equiv 1 \bmod N$。若令 $S = \{ a \in \mathbb{Z}_N^* : a^{N-1} \equiv 1 \bmod N \}$，则 $S_N \subseteq S$。

注意到 S 是 $\mathbb{Z}_N^*$ 的子群(在模 N 乘法运算下)：有单位元，即 1，每个元素都有逆元，即

---

① 　N 是 Carmichael 数，若满足 $N = p_1 p_2 \cdots p_r$，其中 p_i 各不相同，$r \geqslant 3$，且 $(p_i - 1) | (N-1)$，$i = 1, \cdots, r$。

$a^{-1} = a^{N-2} \bmod N$。而子群的阶必为群的阶的因子，即：对某个整数 $m \geqslant 2$，$|S| = \dfrac{|\mathbb{Z}_N^*|}{m}$。

这样

$$|S_N| \leqslant |S| = \frac{|\mathbb{Z}_N^*|}{m} \leqslant \frac{|\mathbb{Z}_N^*|}{2} \qquad\qquad \square$$

由定理容易给出素数的如下判定算法，记作 M：

$M(N)$

　　Choose $a \in \{1, \cdots, N-1\}$ randomly

　　If $\gcd(a, N) \neq 1$, then reject

　　Else

　　　　Let $\delta = a^{(N-1)/2} \bmod N$

　　　　Let $\varepsilon = J_N(a)$

　　　　If $\delta = \varepsilon \bmod N$ then accept(即：a 在 S_N 中)

　　　　else reject

Jacobi 符号和模指数运算都是 PT 可计算的($O(n^3)$次比特乘)，所以整个算法 PT。

现在检查是否符合 co-RP 规则：

(1) N 为素数时，显然 $\Pr[M\ \text{接受}] = 1$。

(2) N 为合数时，由定理知 $\Pr[M\ \text{拒绝}] \geqslant \dfrac{1}{2}$。

为得到实际中可以使用的算法，需要改善算法的成功率，虽然可以通过之前介绍过的一般方法降低错误概率，但是效率并不高，可以通过缩小集合 S_N 的方法直接降低错误概率，实际中使用的 Miller-Rabin 测试正是如此设计的，具体参阅参考文献[17]。

8.5.3　PRIME ∈ P

2001 年底到 2002 年初，三位印度数学家 Agrawal，Kayal，Saxena 证明了 PRIME ∈ P，这恐怕是本世纪初最重要的研究成果了。他们给出的算法称为 AKS 算法，其主要数学原理为定理 8.26。

定理 8.26　若 $N > 1$ 是素数，则对于所有的 $a \in \mathbb{Z}_N$，有环 $\mathbb{Z}_N[X]$ 上的如下等式成立：

$$(X + a)^N = X^N + a$$

反之，若 N 是合数，则对所有的 $a \in \mathbb{Z}_N^*$，上式都不成立。

该定理的证明并不难，只需初等数论的知识，但是这里不再赘述，感兴趣的读者可以参阅参考文献[39]。

由此，我们可以尝试给出一种判定 PRIME 的确定性算法：对所有 $a \in \mathbb{Z}_N$ 检查上式是否都成立。但是应该如何计算等式左边的这个多项式呢？似乎需要 $O(N)$-time，注意这是指数时间的。另外，现在 a 的个数有指数多个，这也将导致这个算法不是 PT 的。

Agrawal，Kayal，Saxena 的一个重要观察就是：如果对某个恰当选择的 r(poly(n)长，短！)，定理中的等式对足够多(poly(n)个!)的 a 在模多项式 $X^r + 1$ 意义下成立，则 N 一定是素数。AKS 算法的具体描述虽然并不复杂，但涉及更多的数论知识和相关算法，此处不再列出，具体参阅参考文献[17]或[39]。

习 题

1. 若将随机化复杂性类 PP 的定义修改为（新定义的类记为 PP′）
语言 $L \in PP′$，若 $\exists$ PT 的 PTM M，使得：

(1) 若 $w \in L$，则 $\Pr[M \text{ 接受 } w] \geq \dfrac{1}{2}$；

(2) 若 $w \notin L$，则 $\Pr[M \text{ 拒绝 } w] \geq \dfrac{1}{2}$。

证明：任何语言都属于 PP′。

2. 定义 BPP′。语言 $L \in BPP′$，若 $\exists$ PT 的 PTM M，使得：

(1) 若 $w \in L$，则 $\Pr[M \text{ 接受 } w] \geq \dfrac{1}{2} + \dfrac{1}{p(n)}$；

(2) 若 $w \notin L$，则 $\Pr[M \text{ 拒绝 } w] \geq \dfrac{1}{2} + \dfrac{1}{p(n)}$。

其中 $p(n)$ 是一个多项式，$n = |w|$。证明：BPP′ = BPP。

3. 证明：若 NP $\subseteq$ co-RP，则 ZPP = NP。

4. 证明：若 L_1 和 $L_2 \in PP$（L_1 和 L_2 是同一字母表上的语言），则
$$L = (L_1 \bigcup L_2) \backslash (L_1 \bigcap L_2) \in PP$$

5. 证明：

(1) 若 SAT $\in$ BPP，则 SAT $\in$ RP。（提示：利用类似于 SAT 自归约特性中的算法。）

(2) 若 NP $\subseteq$ BPP，则 RP = NP。（提示：利用（1）的结论。）

第 9 章　密码学与复杂性理论

复杂性理论通常带给我们的是"坏"消息：某个问题是难解的，但是密码学恰恰是一门需要困难问题的学科。复杂性理论不仅为寻找密码学需要的困难问题指出了方向，而且为科学地研究密码学问题提供了一种思路。反之，密码学中有关概念的研究也为复杂性理论中某些问题的研究提供了帮助。下面以单向函数和伪随机发生器为例对此加以说明。

需要特别指出的是，虽然对 NP、NPC 等的定义主要针对的是语言（判定问题），但通常人们会把相应的查找问题也称为 NP、NPC 问题，可以认为这是一种更广义的定义。

9.1　单向函数

单向函数（one-way function）是构造密码学方案的基础工具，以密码学最根本的任务之一——（公钥）加密为例，加密可以是"容易"的，而解密对敌手（当然是在不知道密钥的情况下）应该是"困难"的，这里就体现了计算上的单向性。

简单地说，**单向函数**就是一种"易于计算，难于求逆"的函数。用复杂性理论中的相关概念进行形式化："易"意味着 PT 可计算，"难"意味着不存在 PT 的算法，更进一步，因为无法预知敌手的行为，因此允许其进行随机化选择，这样"难"意味着不存在概率 PT（简记为 PPT）的"有效"算法。什么样的随机化算法算是"有效"的呢？前一章的内容告诉我们，至少应是 BPP 算法。但是，需要注意，此处求逆问题是一个查找问题。对判定问题，因为即使直接通过抛硬币来判定也有 $\frac{1}{2}$ 的成功概率，所以 BPP 的规则是明显多数：正确概率比 $\frac{1}{2}$ 多的那一部分不可忽略。而对于查找问题，BPP 只能要求正确的概率不可忽略。

这样，一个函数 f 是单向的，若给定 x 计算 $y=f(x)$ 是 PT 的，但不存在 PPT 的算法可以以不可忽略的成功概率由（随机选定的）y 计算出 x'，使得 $f(x')=y$。但是注意求逆由 NDTM 显然容易，只要非确定性地猜测一个可能的 x，计算 $f(x)$，再检查该值是否为 y。

这样一来，单向函数的存在性意味着存在 NDTM 在 PT 内可解但 PTM 在 PT 内不可解的计算任务，即

$$单向函数存在 \Rightarrow NP \nsubseteq BPP$$

而 P $\subseteq$ BPP，如图 9.1 所示，阴影部分非空，所以必有 P $\neq$ NP。

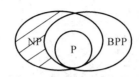

图 9.1 若单向函数存在，则 P≠NP

综上所述，P≠NP 成为密码学研究的必要条件。假设有一天证明了 P＝NP，对于计算科学是进入了乌托邦，而对密码学则是进入了黑暗时代。

当然，如果我们能够证明某个函数是单向的，那么 P≠NP。但是这也很难，事实上即使证明出 P≠NP 也未必能证明一个函数是单向的。所以密码学中只能采用一些候选的单向函数，即假设某些（求逆）问题困难，这通常称为困难性假设（intractability assumption），常用的有大整数分解，离散对数等。尽管证明不了它们确实困难，但还是需要有一定的理论依据，即这些问题必须是经过很多年的研究后"公认"难解的，譬如目前最好的分解大整数的数域筛法还只是亚指数时间的。

因此，绝大多数密码学方案的安全性结论都具有如下形式："如果某困难性假设成立，那么某方案是……安全的"。鉴于复杂性理论的现状（无法证明 P≠NP，无法证明单向函数的存在性），这个困难性假设是必须的。

虽然 P≠NP 是密码学研究的必要条件，但并非充分！即使一个加密方案是基于某个 NPC 问题构造的，P≠NP 也只意味着在最坏情况下难于攻破，不排除几乎总是易于攻破的可能性，譬如背包体制。密码学需要的是"大多数"情况下难，或至少是"平均"情况下难的困难问题，P≠NP 并不能保证这样的问题存在。

那么，密码学中如何保证困难性假设中的问题具有平均（average-case）困难性或多数（most-case）困难性呢？通过**随机自归约特性**（random self-reducibility）。随机自归约体现的思想是：如果"部分"实例可以有效求解，则"任意"实例都可以，即：将任意实例归约为部分实例，从而说明所有实例的难度都"相当"。下面以著名的 RSA 问题为例加以说明。

RSA 问题源自 RSA 加密：给定 (n, e, y)，其中 $y = x^e \bmod n$，$n = pq$ 且 p 和 q 是两个大素数，$x \in \mathbb{Z}_n^*$，即与 n 互素，e 与 $\varphi(n)$（n 的欧拉函数）互素，求 y 模 n 的 e 次方根 x。

假设算法 S 对"某些"y 可以返回 x，对其它 y 返回"⊥"，那么构造对任意 y 求解 RSA 问题的算法如下：

```
Algorithm Solve-rsa(n,e,y)
    repeat
        x' ← {1,2,···,n−1}
        if gcd(x',n) = 1 then
            y' ← yx'^e mod n
            x ← S(n,e,y')
            if x ≠ ⊥ then return xx'^{−1} mod n
    forever
```

假设 S 可解的 y 所占的比例为 $\frac{1}{1000}$，现在因为 RSA 自身是一个置换，所以当 x' 均匀随机选时，y' 也均匀随机，这样大约重复 1000 次，y' 就可能落入 S 可解的范围。

另外，即使单向函数的求逆具有平均困难性，也不足以构造安全的公钥加密，还需辅助的信息来保证合法用户能够有效解密，这样的信息通常称为陷门（trapdoor），这里不再做进一步的介绍。

9.2　伪随机发生器

前面已经看到，随机性似乎有利于我们解决问题，但实际中真随机源往往难于获得或者效率低下，那么应当如何产生实际可用的随机性呢？

密码学中，方案的安全性往往依赖于随机性，上述问题也变得至关重要。考虑"一次一密乱码本"，即：为加密消息 $m \in \{0,1\}^n$，随机选一个 n 长比特串 s 作为收发双方共享的密钥，令密文 $c = m \oplus s$，解密时只要计算 $c \oplus s$。Shannon 的完善保密理论中一个著名的结论就是：如果 s 完全随机则这个方案无条件安全。

对相关术语和结论此处不做进一步介绍，而是考虑当消息长时，一次一密应当如何实现呢？因为每次加密都需要与消息同长的随机密钥 s，现在除了真随机源难于获得和效率低下外，密钥在收发双方之间安全的传递也成为问题。为了解决这些问题，密码学中使用了**伪随机发生器**（pseudorandom generator 简记为 PRG）的概念，它能将"短"的真随机密钥种子扩展成"长"的"看起来"随机的比特串（密钥流）。这样只需在收发双方传递种子即可，流密码的概念由此应运而生。

问题是什么是"看起来"随机呢？即所谓的伪随机。流密码中采用一些统计测试，以线性复杂性、相关性等复杂的指标来衡量，但是从复杂性理论的角度看，所谓伪随机应与真随机计算上**不可区分**（indistinguishable）。这通常由一个攻击游戏来定义：游戏中攻击者可能获得 PRG 的输出，也可能获得同长的真随机串，它的目标就是判定自己获得的是哪一种，不可区分即要求对于任意的 PPT 攻击者，它判定正确的概率都不会比 $\frac{1}{2}$ 多太多（可忽略）。

在此，我们又看到复杂性理论对形式化密码学中的一些概念提供了重要帮助。对 PRG 的研究中一个著名的成果就是 PRG 的存在性与单向函数的存在性等价。这真令人惊讶，两个看似不相关的概念竟然等价，可参见参考文献[4]和[5]。

PRG 在复杂性理论中也是一个很重要的概念，它有利于我们更好地理解"什么是随机性"，从而以最小的代价解除算法的随机性（derandomization）得到确定性算法，这在复杂性理论中也是一个非常有意义的研究方向，可参阅参考文献[4]等。

试想，算法需要的所有随机性可以由 PRG 的输出获得，而 PRG 只需要短的随机种子，所以算法真正所需的随机性大幅度减少，这样通过穷举所有可能的种子，进行多数判决，就可以将 BPP 算法转化成确定性算法。尽管这离目前最好的结果还差很远，但已经提供了正确的思路。这一领域比较惊人的结论是：非常有可能 BPP＝P！参阅参考文献[5]、[40]、

[41]等。

9.3 信息论安全与计算安全

计算复杂性理论之于密码学最大的贡献是从考虑信息论安全性到考虑计算安全性的过渡。

Shannon 的信息论安全性要求密文与明文的互信息为 0，所以即使敌手是万能的，可以进行指数 time 的计算，也"不可能"攻破方案。但是，这个要求太高，很难设计出实际中有效的加解密算法达到它。

复杂性理论为定义安全性提供了另一种视角，只要攻破在计算上"不可行"即可，这意味着任意的 PPT 敌手都不能攻破，当然需要一定的困难性假设来保证。这样，通过将攻破"不可能"转化为攻破"不可行"，复杂性理论登上了密码学的舞台，为密码学的研究和发展提供了新的思路，"可证明安全"（provable security）应运而生，并成为密码学方案或协议设计的基本要求，相关的研究方法已成为现代密码学研究的主线，也使密码学从一门"黑色艺术"发展成为真正的科学。

第 10 章　电路复杂性

考虑一个不同于 TM 的计算模型——布尔电路。算法可以由数字电路来实现，所以用电路的规模等来衡量算法的复杂性也是一种自然的方法。

10.1　布尔电路

布尔电路是用导线连接的一些布尔逻辑门和输入，门可以是与门（∧）、或门（∨）和非门（¬），并且不允许出现圈。例如，图 10.1 给出一个布尔电路，它输入 3 比特输出 1 比特。

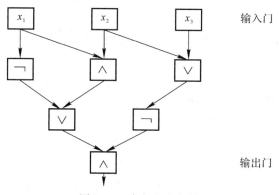

图 10.1　布尔电路实例

布尔电路的形式化定义如下：

一个布尔电路是一个有向图 $C=(V,E)$，其顶点集 $V=\{1,2,\cdots,N\}$ 称为 C 的门，C 满足以下特殊结构：

（1）图中无圈；

（2）每个顶点的入度只有三种可能：0、1、2；

（3）每个门 g 的种类 $S(g)$ 只能取自集合 $\{0,1,\wedge,\vee,\neg,x_1,\cdots,x_n\}$；

（4）若 $S(g)\in\{0,1,x_1,\cdots,x_n\}$，则 g 的入度为 0；

（5）若 $S(g)=\neg$，则 g 的入度为 1，若 $S(g)=\wedge$ 或 $\vee$，则 g 的入度为 2[①]；

（6）出度为 0 的门称为输出门，入度为 0 的门称为输入门。

如果对布尔电路的每个输入赋 0/1 值，那么该电路将计算一个布尔函数，例如图 10.1 中的电路计算的布尔函数是

$$(\overline{x_1} \vee (x_1 \wedge x_2)) \wedge (\overline{x_2 \vee x_3})$$

每个布尔电路都计算某个布尔函数, 但是反之是否每个布尔函数(可能有 $\wedge$、$\vee$、$\neg$ 之外的逻辑运算)都可以由布尔电路计算呢? 确实如此。

定理 10.1 任何布尔函数 $f: \{0,1\}^n \to \{0,1\}$ 都可以由一个布尔电路计算, 即存在布尔表达式 φ_f, φ_f 中只有 $\wedge$、$\vee$、$\neg$ 运算, 使得对 $x_1, \cdots, x_n$ 的所有可能取值, 都有

$$\varphi_f(x_1, \cdots, x_n) = f(x_1, \cdots, x_n)$$

证明 令集合 A 为 f 的所有满意赋值构成的集合, 即: $A = \{a = (a_1, \cdots, a_n): f(a) = 1\}$。

对于每个 $a \in A$, 令 $C_a(x_1, \cdots, x_n)$ 是以下变元的 "$\wedge$": 所有 x_i 若 $a_i = 1$, 以及所有 $\overline{x_i}$ 若 $a_i = 0$。

譬如: 若 $a = 10110$, 则 $C_a(x_1, \cdots, x_5) = x_1 \wedge \overline{x_2} \wedge x_3 \wedge x_4 \wedge \overline{x_5}$。

注意, C_a 是布尔表达式, 并且

$$C_a(x_1, \cdots, x_n) = 1 \text{ iff } (x_1, \cdots, x_n) = (a_1, \cdots, a_n)$$

定义:

$$\varphi_f(x_1, \cdots, x_n) = \bigvee_{a \in A} C_a(x_1, \cdots, x_n)$$

则

$$\varphi_f(x_1, \cdots, x_n) = 1 \text{ iff 对某个 } a = (a_1, \cdots, a_n) \in A, C_a(x_1, \cdots, x_n) = 1$$
$$\text{iff 对某个 } a = (a_1, \cdots, a_n) \in A, x_1 \cdots x_n = a_1 \cdots a_n$$
$$\text{iff } f(x_1 \cdots x_n) = 1$$

这意味着对 $x_1, \cdots, x_n$ 的所有取值, $\varphi_f(x_1, \cdots, x_n) = f(x_1, \cdots, x_n)$。 □

对于任意的 f, φ_f 是一个析取范式(disjunction normal form 简记为 dnf), 也可以考虑写成其它的形式, 譬如 cnf。

现在, 考虑将 φ_f 写成布尔电路。因为集合 A 的大小至多 2^n, 而每个 clause 又至多需要 $O(n)$ 个 $\wedge$ 门和 $\neg$ 门, 所以这个电路需要 $O(n2^n)$ 个门, 这是指数规模的。有没有可能用更少的门计算 f 呢? 譬如只用多项式多个门? 尽管实际中人们感兴趣的布尔函数都可以用门数很少的电路计算, 但是下面的定理告诉我们多数布尔函数都需要更多的门才能计算。

定理 10.2 绝大多数布尔函数需要指数级的电路。更精确地讲, 若 A_n 是 n 变量布尔函数的个数, B_n 是门数为 $\frac{2^n}{2n}$ 的电路的数量, 则

$$\lim_{n \to \infty} \frac{B_n}{A_n} = 0$$

该定理的直观意义是: n 变量布尔函数中只有任意小的一部分可以用少于 $\frac{2^n}{2n}$ 个门的布尔电路实现, 从而其中更少的一部分可以由多项式个门的布尔电路实现。

证明 显然, $A_n = 2^{2^n}$。

现在考虑有 $m = \frac{2^n}{2n}$ 个门的布尔电路有多少呢? 确切的数目是很难计算的, 但很容易给出一个上界。

因为有 n 个输入, 所以门的种类至多 $n+5$ 个。考虑将 m 个门放在一个 $m \times m$ 的矩阵中: 每个门有 $n+5$ 种可能, 每个门有 m^2 个可能的位置, 所以一共有 $((n+5) \cdot m^2)^m$ 种方

法，即

$$B_n \leqslant [(n+5) \cdot m^2]^m$$

现在，$\log_2 A_n = 2^n$，而

$$\log_2 B_n \leqslant m \cdot \log_2 [(n+5) \cdot m^2]$$

$$= m \cdot \log_2 \left[(n+5) \cdot \left(\frac{2^n}{2n}\right)^2\right]$$

$$= m\left(2n + \log_2 \frac{n+5}{4n^2}\right)$$

$$= \frac{2^n}{2n}\left(2n - \log_2 \frac{4n^2}{n+5}\right)$$

$$= 2^n - \frac{2^n}{2n}\log_2 \frac{4n^2}{n+5}$$

因此，

$$\log_2 B_n - \log_2 A_n = -2^n \frac{\log_2 \frac{4n^2}{n+5}}{2n} \to -\infty (\text{当 } n \to \infty \text{时})$$

最后，

$$\frac{B_n}{A_n} = 2^{\log_2 B_n - \log_2 A_n} \to 2^{-\infty} \to 0 (n \to \infty \text{时}) \qquad \Box$$

该定理说明用电路计算布尔函数具有指数级的难度，但是至今并没有人能够找到需要比线性多个门更多的门才能计算的自然的布尔函数，即：实际中人们感兴趣的布尔函数都可以用小的电路计算，尽管需要大电路的布尔函数要多得多。遗憾的是，复杂性理论似乎无法解释这一点。

10.2　电路复杂性与 P/poly 复杂性类

考虑用电路判定一个语言。一个电路只能处理固定长度的输入，而语言的实例可能是任意长的，为处理不同长度的输入，需要引入电路族的概念。

定义 10.3　电路族是无限个电路的列表：$C = (C_0, C_1, C_2, \cdots)$，其中 C_n 有 n 个输入变量。这样的电路族称为非一致的(non-uniform)，因为我们不关心对给定的 n 如何生成电路 C_n(后面会介绍一致电路的概念)。

定义 10.4　称电路族 C 判定语言 $A \subseteq \{0,1\}^*$，若对于任意的 n 长输入 w，有

$$w \in A \text{ iff } C_n(w) = 1$$

定义 10.5(电路的规模与深度)　电路的大小或规模(size)是该电路所含门的数目。电路的深度(depth)是从输入门到输出门的最长路径的长度(导线的数目)。电路族的规模(深度)复杂性(简记为 size(depth))则是一个函数 $f: \mathbb{N} \to \mathbb{N}$，$f(n)$ 是 C_n 的规模(深度)。

定义 10.6(语言的电路复杂性)　语言 A 的电路 size 复杂性是判定 A 的最小电路族的 size，语言 A 的电路 depth 复杂性(简记为 depth)是判定 A 的 depth 最小电路族的 depth。

通常所说的电路复杂性主要是指 size 复杂性，也即电路的规模，这是实际中最经常考虑的因素，而 depth 主要在强调算法的并行性时考虑。

例如，考虑奇偶函数（Parity）：

$$P_n(x_1,\cdots,x_n)=x_1\oplus\cdots\oplus x_n=\begin{cases}0,\text{若 }x_1,\cdots,x_n\text{ 中有偶数个 }1\\1,\text{若 }x_1,\cdots,x_n\text{ 中有奇数个 }1\end{cases}$$

其中"$\oplus$"是异或操作，也即模 2 加。注意，因为

$$x_1\oplus x_2=(\overline{x_1}\wedge x_2)\vee(x_1\wedge\overline{x_2})$$

所以，图 10.2 中的两个电路等价。

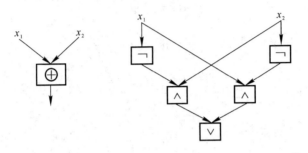

图 10.2　异或运算的等价布尔电路

P_n 的电路如图 10.3，将其中的 $\oplus$ 门替换成等价的布尔电路即得 P_n 的布尔电路。该电路的 size 为 $O(n)$，depth 也为 $O(n)$。

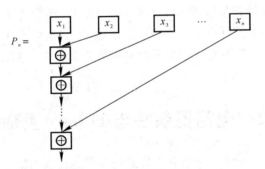

图 10.3　奇偶函数电路

可以利用二叉树的结构改进该电路的 depth（并行性）。以 $n=8$ 为例，P_n 的电路如图 10.4。每层 $\oplus$ 门的个数都减半，共 $O(\log(n))$ 层，所以 depth 减为 $O(\log(n))$。

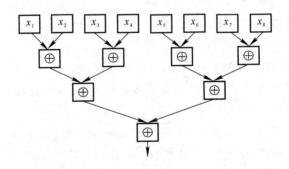

图 10.4　奇偶函数的二叉树电路

10.3　P/poly 复杂性类

针对 size 和 depth 也可以定义复杂性类，如

$$\text{SIZE}(f(n)) = \{L：L \text{ 可由 } O(f(n))\text{-size 的电路族判定}\}$$

$$\text{DEPTH}(f(n)) = \{L：L \text{ 可由 } O(f(n))\text{-depth 的电路族判定}\}$$

我们重点关注多项式规模的电路，因为这意味着电路规模的增长程度实际中可以接受。

定义 10.7　（P/poly）。P/poly 是所有多项式 size 电路族可判定的语言构成的类，即

$$\text{P/poly} = \bigcup_{k \geqslant 1} \text{SIZE}(n^k)$$

事实上，所有可以有效判定（即 PT 可判定）的语言都可由多项式 size 电路族判定，即：$\text{P} \subseteq \text{P/poly}$，这由以下定理保证。

定理 10.8　若语言 $L \in \text{TIME}(t(n))$，则 $L \in \text{SIZE}(t^2(n))$。

证明　采用类似 Cook-Levin 定理证明的方法，将 time 为 $t(n)$ 的 TM 的格局表写成一个电路，此电路的 size 为 $t^2(n)$，具体如下。

若语言 $L \in \text{TIME}(t(n))$，M 是其 $t(n)$-time 的判定器，因为要构造布尔电路，所以假设 M 的输入已经编码到 $\{0,1\}$（这只需常数倍的 time 代价），并且假设 M 进入接受状态前会将带上所有内容擦除并将带头移到最左端（也只需常数倍的 time 代价）。

将 M 在 w 上运行的所有格局写成一张表，如图 10.5 所示。状态所处的位置使用复合字。譬如，初始格局 $q_0 w_1 \cdots w_n$ 记作 $\boxed{q_0 w_1}$ $\boxed{w_2}$ $\cdots$ $\boxed{w_n}$。

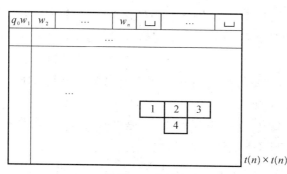

图 10.5　格局表

注意，表中每个格子中的内容都由其上方的三个方格决定。图 10.5 中 T 形窗口的电路可以设计如下。

为方便描述，想象该 T 形窗口的每个单元有 k 盏灯，它们对应该单元可能的输入有 k 种，$k = |\Gamma \cup (\Gamma \times Q)|$。

若想使 4 中为某个 s，由 M 的状态转移函数，将可能的 1、2、3 中的内容所对应灯用"$\wedge$"连接作为 4 中 s 这盏灯的输入。譬如，若由 M 的状态转移函数，1、2、3 中分别为 a、b、c 时，4 中为 s，则相应的电路如图 10.6（圆圈表示灯）。由 M 的状态转移函数，可能 1、2、3 中分别为 a'、b'、c' 时也导致 4 中为 s，因此最终得到的"1234"电路如图 10.6 所示。这

个电路的规模只和 M 的状态转移函数有关,与 w 长度并无关系。

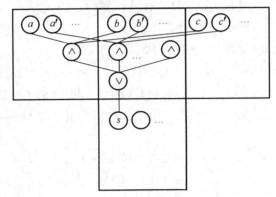

图 10.6 T 形窗口的电路图

对表中其他位置构造相同的电路,边界上稍有不同(边界上格子的内容只和其上两个格子中的内容相关)。再将输入门连接到第一行(譬如:将 w_1 直接连到对应 $q_0 1$ 的灯,w_1 通过非门后连接到 $q_0 0$ 的灯),使得第一个格中 $q_0 w_1$,第二个格中 w_2……第 n 个格中 w_n 对应灯亮,之后位置上,"␣"对应的灯始终亮,其它全灭。

最后,因为 M 接受时最后一行第一个单元中对应 $q_{accept} ␣$ 的灯一定亮,所以指定该灯为输出门。

因为该电路具有高度重复性,每个 T 形窗口的电路相同且其规模与 w 长度无关,因此总规模为 $t^2(n)$。(事实上,易于看出从 w 写出该电路的描述由 LS 转换器就可以完成!) □

该定理不仅将电路复杂性与时间复杂性联系起来,而且证明中使用的将 $t(n)$-time TM 改写为电路的技巧可以用于证明多个非常有意义的定理,譬如证明 CIRCUIT-SAT 是 NP-完全的,这可以看作是 Cook-Levin 定理的另一个版本,以及在习题中证明 CVAL 是 P 完全的。

一个布尔电路是可满足的,若存在一组输入使其输出为 1。CIRCUIT-SAT 问题就是判定一个电路是否可满足,即

$$CIRCUIT\text{-}SAT = \{C: C \text{ 是可满足的布尔电路}\}$$

定理 10.9 CIRCUIT-SAT 是 NPC 的。

证明 显然 CIRCUIT-SAT $\in$ NP,只要证对于 NP 中的任何语言 A,都有 $A \leqslant_P$ CIRCUIT-SAT。为此,给定 A 的某个实例 w,需将其改造为一个布尔电路 C,使得 $w \in A$ iff C 可满足。

因为 $A \in$ NP,所以它有 PT 的验证器 V,当 $w \in A$ 时,存在证书 c 使得 V 接受。用定理 10.8 中的方法将 V 写成电路,这在多项式时间内显然可以完成(注意此电路具有高度重复性),并且显然 $w \in A$ iff 存在 c 使得 C 满足(即 (w, c) 是 C 的满意赋值)。 □

P/poly 提供了"有效"计算的又一个上界,但这个界并不"紧"。这是因为即使是 TM 不可判定的语言也有可能属于 P/poly,这由以下定理给出。

定理 10.10 存在不可判定的语言(无论是否 PT)L,$L \in$ P/poly。

证明 假设 $L \subseteq \{0,1\}^*$ 是一个不可判定的语言,令

$$U = \{1^n : n \text{ 的二进制在 } L \text{ 中}\} \text{(即：} U \text{ 是 } L \text{ 的一元表示)}$$

显然，U 不可判定(U 只是将 L 中的成员转化成了一元表示)，但是 U 有一个平凡的多项式规模电路族$(C_0, C_1, C_2, \cdots)$判定它：

对于任意的 n：

(1) 若 $1^n \in U$，则 C_n 由 $n-1$ 个"$\wedge$"门构成，直接计算所有输入的"$\wedge$"。显然，C_n 输出 1 iff 输入为 1^n。

(2) 若 $1^n \notin U$，则 C_n 由输入门和一个输出门构成，输出门常为 0，即：C_n 中无边，C_n 对所有输入都输出 0。　　　　　　　　　　　　　　　　　　　　　　　　□

在 C_n 的描述中，我们人为地加进了不可判定语言 U 的信息，C_n 在现实中根本没办法"一致地(uniformly)"写出来。给定输入 1^n，要想写出 C_n，首先要判定 $1^n \overset{?}{\in} U$，任何 TM 都做不到这一点，因此任何 TM 也不可能写出 C_n。因此，非一致电路模型并不是一种现实的模型。

为使电路模型成为一种现实模型，必须限制 C_n 如何随 n 发生变化，对不同长度的输入，C_n 应该具有"计算上一致"的结构，即一致布尔电路。

在介绍一致布尔电路前，我们对 P/poly 做一些进一步的说明。

(1) P/poly 也称为非一致 PT 时间复杂性类。

(2) P/poly 也可由 TM 定义，此时 TM 是可以获得外部建议的 TM(TMs that take advice)，建议通常记作 a_n，P/poly 等价于要求该 TM 是多项式时间的，且 a_n 至多多项式长。具体定义参阅参考文献[4]。

(3) 研究 P/poly 可能有助于解决 $P \overset{?}{=} NP$。前面已知 $P \subseteq P/poly$，若能证明 NP 中存在一个语言 $L \notin P/poly$，则 $P \neq NP$。目前，人们相信 NP 中的语言，如 SAT，是没有多项式规模的电路可以判定的。

10.4　一致布尔电路

一致布尔电路要求 C_n 的描述可以由 n "容易地计算得到"，给出定义前我们需要知道如何描述一个电路。

假设电路 C_n 的规模为 s_n，即：C_n 有 s_n 个门，其中也包括了 n 个输入门(所以 $s_n \geq n$)，C_n 可由这 s_n 个门(顶点)以及它们之间的关系(边)来描述。门的种类有 $n+5$ 种，所以每个门可以标识为 $O(\log n)$ 长的比特串，整个电路需要 $s_n \cdot O(\log n) + s_n^2$ 长的比特串描述。

特别地，多项式规模电路的描述也多项式长。要由 n 写出多项式规模的 C_n(的描述)至少需要一个 LS 的转换器。

定义 10.11(一致布尔电路族)　电路族 $C = (C_0, C_1, C_2, \cdots)$ 是一致的，若存在一个 LS 转换器，输入 1^n，输出 C_n(的描述)。

定义 10.12　称语言 L 有一致电路，若存在一致电路判定它。

由这些定义，我们应注意：

(1) 一致电路的规模至多是多项式。

（2）此处，转换器的输入是 1^n 而非 n，因为 $|n| = O(\log n)$，若以 n 的二进制表示输入，则输出电路的描述至多 $\mathrm{poly}(\log n)$，这一要求过强，排除了太多多项式规模的电路。另外，因为 1^n 强调的是长度，所以也可以将 1^n 换作一个 n 长的输入。

（3）LS 转换器的要求会不会过强呢？譬如，可否换作更自然的 PT 转换器？下面的定理表明这没有必要，事实上二者在此处的作用是等价的。（请在习题中证实这一点！）

定义 10.13 $L \in P$ iff L 有一致电路。

证明 "if"：若 L 有一致电路，即存在 LS 转换器 T，输入 1^n，输出 C_n，则可以如下判定 L：要判定某个 $x \in L$，令 $|x| = n$，运行 $T(1^n)$ 得到 C_n，（因为 LS 的 T 至多 PT，所以这一步 PT 内可以完成），之后模拟电路 C_n 输入 x 的计算，（给定电路 C_n 的描述以及一个 x，存在 PT 的 TM 可以模拟 C_n 输入 x 的计算，具体将在习题中讨论），这也只需要 PT，所以 $L \in P$。

"only if"：若 $L \in P$，M 是其 time 为 $\mathrm{poly}(n)$ 的判定器，类似于定理 10.8 的证明，将 M 的运行写成格局表，再将此表改写成 size 为 $\mathrm{poly}^2(n)$ 的电路，易于看出这个改写可由 LS 转换器完成，所以 L 有一致电路。 □

由此，有（多项式规模）一致电路就等价于属于 P，并不会得到什么新的复杂性类，这展示了一致电路这个定义的必要性，它将 P 和 P/poly 区分开来（P $\neq$ P/poly）。

10.5 并行计算与 Nick 复杂性类

在以上内容中，我们只关心电路的 size，那么 depth 又能说明什么问题呢？

考虑并行计算，有些计算步骤是可以同时进行的，最终结果由这些并行计算组合得到。TM 不能提供一种自然的并行计算模型，但一致电路模型可以。在电路模型中，整个计算的 time 由电路的 size 决定，但电路的 depth 可以表征算法的"并行性"。所以，下面同时考虑语言的 size 和 depth 复杂性。

定义 10.14 称语言 L 的 size-depth 复杂性是 $(f(n), g(n))$，若存在 $f(n)$-size，$g(n)$-depth 的一致电路判定它。

例如，计算奇偶函数 $P_n(x_1, \cdots, x_n) = x_1 \oplus \cdots \oplus x_n$ 的 size-depth 复杂性为 $(O(n), O(\log n))$（图 10.4），它具有很好的并行性，并行性差的电路的 size-depth 复杂性为 $(O(n), O(n))$（图 10.3）。

事实上很多有意义的问题都具有 $(\mathrm{poly}(n), O(\log^i n))$ 的 size-depth 复杂性（见习题），这样的算法有很好的并行性。为什么这样说呢？试想，我们可以使用至多 $\mathrm{poly}(n)$ 个门（作为并行的处理器），在 $O(\log^i n)$ 步内（远远小于 $\mathrm{poly}(n)$ 步）就计算出最终结果。

Nick 复杂性类就由这类问题构成。

定义 10.15（Nick's class） 对于任意的 $i \geq 1$，NC^i 表示由所有 $(\mathrm{poly}(n), O(\log^i n))$ size-depth 一致电路可判定的语言构成的类，而 $NC = \bigcup_{i \geq 1} NC^i$。

因为 depth 表征了算法并行运行需要的步数，所以也可以称为算法的并行时间复杂性，或并行性。

并行性为复杂性理论带来了新的公开问题。譬如，显然 $NC \subseteq P$，但有没有可能 $P \subseteq NC$

呢? 这仍然是一个公开问题。P⊆NC 将意味着 P 中所有的问题都可以很好地并行求解。同样，为了解决这个问题，需要寻找 P 中最困难的问题，即 P 完全问题，它们是 P 中最不可能并行求解的问题，这样的具体实例将在习题中讨论。

另外，并行性与空间复杂性有什么关系呢? 譬如，算法需要的空间少，并行性就一定好吗? 有一个非常有趣的猜想叫做"并行计算命题(parallel computation thesis)"：空间与并行时间之间是多项式的关系，具体如下：

令 PARATIME($f(n)$)为所有由 size-depth 为($c^{f(n)}$, $f(n)$)的一致电路可判定的语言构成的类，那么

$$\text{PARATIME}(f(n)) \subseteq \text{SPACE}(f(n)) \subseteq \text{NSPACE}(f(n)) \subseteq \text{PARATIME}(f^2(n))$$

也就是说，对于 $f(n)$-space 的算法，其并行 time 必在 $f(n)$ 和 $f^2(n)$ 之间。

特别地，对 LS，这已经被证实，即：L 和 NL 中的语言都具有很好的并行性!

定理 10.16 $NC^1 \subseteq L \subseteq NL \subseteq NC^2$。

证明 $L \subseteq NL$ 显然，只要证：$NC^1 \subseteq L$ 和 $NL \subseteq NC^2$。

首先，证明"$NC^1 \subseteq L$"。

若语言 $L \in NC^1$，$C = (C_0, C_1, C_2, \cdots)$ 是它的一致布尔电路，其深度为 $O(\log n)$，构造 DTM M 判定 $x \overset{?}{\in} L$ 如下：

(1) 令 $|x| = n$，由 1^n 计算 C_n。

由 C 的一致性，这可由 LS 转换器完成。需要注意的是，因为 C_n 可能多项式长，不能直接计算出后放在工作带上，可采用第 7 章中的需要一个符号就计算一个符号的技巧进行处理，保证该步是 LS 的。

(2) 计算 $C_n(x)$。

这可以采用由输出门到输入门的深度优先递归算法。要确定输出门的输出，必须先确定其上至多两个输入的值，为此继续上行 …… 直至两个输入已知得出该门输出，再下行，以此类推。计算过程如图 10.7 中箭头方向所示。计算过程中每次只记录到达当前门的路径标识和该门的两个输入的值，而电路深度为 $O(\log n)$，所以这也只需要 $O(\log n)$-space。

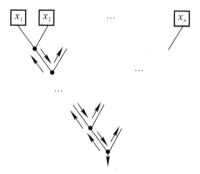

图 10.7 计算电路的深度优先递归算法

其次，证明"$NL \subseteq NC^2$"。

这需要用到 PATH$\in NC^2$(习题中讨论)和 PATH 是 NL 完全的这两个结论。

前者说明给定 PATH 问题的实例(G, s, t)(确切地说是(G, s, t)的长度，这又直接与 G

的顶点个数 n 有关),存在 LS 的转换器 T_1,可以输出一个判定$(G,s,t)\overset{?}{\in}\text{PATH}$ 的 $(\text{poly}(n),O(\log^2 n))\text{size-depth}$ 的电路。

后者说明给定 NL 中的任意语言 L 的实例 x,存在 LS 的转换器 T_2 可以将其转化成 PATH 的某个实例(G,s,t)。

现在只要对 L 构造一个 LS 转换器 T,输入 1^n,输出一个$(\text{poly}(n),O(\log^2 n))\text{size-depth}$ 的电路 C_n(的描述),它能对任意 n 长输入 x,判定 $x\overset{?}{\in}L$。

注意到在证明 PATH 的 NL 完全性时,我们构造的格局图中顶点的个数与输入 x 是什么并无关系,这是因为对于空间有界 TM,格局不包含输入带上内容。 □

由此,T 只要先运行 T_2,再运行 T_1 即可,为保证整个过程 LS,不要将 T_2 的输出放在工作带上,而是利用空间的可重复利用性,每需要一个符号计算一个即可。

10.6 BPP$\subseteq$P/poly

在第 8 章,我们看到随机性对计算似乎有一定帮助,我们知道 P$\subseteq$BPP,但是有没有可能 BPP$\subseteq$P? 也即随机化算法中的随机性是否一定能够"有效地"解除? 这就是所谓的解除随机性的问题(derandomization)。

BPP$\subseteq$P/poly 在某种程度上回答了这个问题。试想:P 中的问题都有多项式规模的一致电路,而 BPP 中的问题都有多项式规模的非一致电路。注意 P/poly 中的算法是确定性算法! 所以我们说 BPP$\subseteq$P/poly 在某种程度上体现了"解除随机性"。关于"解除随机性"有很多进一步的研究,目前很多证据都指向 BPP$=$P,即随机性的帮助其实可能并没有我们想象的那么大。

现在,我们来证明这个定理。

定理 10.17 BPP$\subseteq$P/poly。

首先,我们需要标准化 BPP 中语言的 PTM 判定器。

引理 10.18 若语言 $L\in$BPP,M 是其 $p(n)$-time 的 PTM 判定器,则存在 $p(n)$-time 的 PTM 判定器 $\widetilde{M}$,也以错误概率 $\frac{1}{3}$ 判定 L,并且

(1) $\widetilde{M}$ 的每条计算路径都 $p(n)$ 长;

(2) $\widetilde{M}$ 的每一步都是 coin-flip。

这样,$\widetilde{M}$ 就恰有 $2^{p(n)}$ 条计算分支,且每条分支的概率相等,均为 $\frac{1}{2^{p(n)}}$。满足上述(1)、(2)的 PTM 称为标准形式(standard form)的 PTM。

证明 为满足(1),只需在 M 的基础上加一个计步器,若某个分支在 $k<p(n)$ 步停机,则 $\widetilde{M}$ 继续计步,直至计步器的值为 $p(n)$,再输出之前的结果。

为满足(2),只需将 M 的每个非 coin-flip 的(确定性)步骤替换为 coin-flip,只是无论 coin-flip 是什么,两个分支都保持与原来的非 coin-flip 步骤一样动作。 □

分析 对 $\widetilde{M}$,若错误概率为 ε,则对每个 n 长输入 x,正确分支数都至少为 $2^{p(n)}(1-\varepsilon)$。定

理证明的技巧就是：若 ε 足够小，则对每个 n 长输入，"多数"分支都正确，从而存在某个"非常好的"分支，对所有 2^n 个可能 x 都给出正确结果，进而得到一个 PT 的确定性计算判定 L。

ε 需要多小才能保证这一点呢？当 $\varepsilon < \dfrac{1}{2^n}$ 时，正确分支数已经至少是 $2^{p(n)} - \dfrac{2^{p(n)}}{2^n}$。尽管对不同的 x，正确分支不尽相同，但是我们希望存在一个共同的分支，它总是正确。这样分支的存在性由下面引理给出。

引理 10.19　令 S 是 2^p 个元素之集（这里对应所有 $2^{p(n)}$ 条分支，每个分支由 $p(n)$ 次 coin-flip 的结果标识），令 $T_x \subseteq S$，T_x 随 x 不同（这里 T_x 是输入 x 时，所有正确分支之集），若对每个 x，T_x 至少有 $2^p - k$ 个元素（即 T_x 足够大），则 $\bigcap\limits_{|x|=n} T_x$ 至少有 $2^p - k2^n$ 个元素。

由该引理，$|T_x| > 2^{p(n)} - \dfrac{2^{p(n)}}{2^n}$ 时，$\left| \bigcap\limits_{|x|=n} T_x \right| > 2^{p(n)} - \dfrac{2^{p(n)}}{2^n} 2^n > 0$，正如我们想要的那样。

证明　因为每个 T_x 排除 k 个元素，2^n 个 T_x 至多排除 $2^n k$ 个元素，所以至少有 $2^p - k2^n$ 个元素在 $\bigcap\limits_{|x|=n} T_x$ 中。　□

定理的证明：假设语言 $L \in \mathrm{BPP}$，M 是其 $p(n)$-time 的标准形式 PTM 判定器，由 BPP 的 error reduction，至多重复 $\dfrac{2 \log \dfrac{1}{2^n}}{\log \left[1 - 4\left(\dfrac{1}{6}\right)^2 \right]} = O(n)$ 次，可将错误概率从 $\dfrac{1}{3}$ 降到 $\dfrac{1}{2^n}$。记这个新 PTM 的 time 为 $p'(n)$（仍是多项式）。

由引理 10.19，当 time 为 $p'(n)$，错误概率为 $\dfrac{1}{2^n}$ 时，存在一个"非常好"的路 t_n^*，对 t_n^*（PT）构造电路 C_n^*（定理 10.8），它是多项式规模的。

所以 $L \in \mathrm{P/poly}$。　□

注：虽然 t_n^* 存在，但是我们并不知道如何有效地找到它，所以上述电路 C_n^* 并非一致电路。

习　题

1. 在布尔电路的定义中我们限定了每个门的输入（扇入，fan in）至多为 2，但没有限定每个门的输出可以指向几个位置（扇出，fan out）。如果限定每个门的扇出为 1，则这样的电路称为公式（formula），即公式的电路图是树形的。请证明以下结论，以区分公式和电路在计算能力上的差别：

(1) 定义语言 $\mathrm{FVAL} = \{(\varphi, x): x \text{ 是公式 } \varphi \text{ 的满意赋值}\}$，证明：$\mathrm{FVAL} \in \mathrm{L}$。

(2) 定义语言 $\mathrm{CVAL} = \{(C, x): \text{电路 } C \text{ 对输入 } x \text{ 计算为 } 1\}$，证明：$\mathrm{CVAL}$ 是 P 完全的（由 "$\leqslant_\mathrm{L}$" 定义）。

2. 假设语言 L 可由电路族 $C = (C_0, C_1, C_2, \cdots)$ 判定，并且 C 满足：存在 PT 转换器，输入 1^n，输出 C_n 的描述。请证明 L 也可由一致电路族判定，即：存在 LS 转换器，输入 1^n，输出一个电路 C_n' 的描述，而电路族 $C' = (C_0', C_1', C_2', \cdots)$ 也判定 L。

（提示：参考定理10.8的证明。）

3. NC^1 中的问题：

（1）函数 $f:\{0,1\}^n \to \{0,1\}$ 定义如下：

$$f(x_1,\cdots,x_n)=\begin{cases}1 & \text{若 } x_1,\cdots,x_n \text{ 中至少有一个是 } 1\\ 0 & \text{若 } x_1,\cdots,x_n \text{ 全是 } 0\end{cases}$$

证明计算 f 的任务在 NC^1 中。

（提示：$f(x_1,\cdots,x_n)=\bigvee_i x_i$。）

（2）假设 A 和 B 是 $m\times m$ 的布尔矩阵（元素均为 $0/1$），用 $a_{ij}(b_{ij})$ 表示 $A(B)$ 中第 ij 位置的元素。考虑计算布尔矩阵乘积的任务，即计算矩阵 $C=AB$，其中，

$$c_{ij}=\bigvee_k (a_{ik}\wedge b_{kj})$$

此时输入的长度为 $n=2m^2$。证明该计算的 size-depth 复杂性为 $(O(n^{\frac{3}{2}}),O(\log n))$。

（提示：先计算所有的 $a_{ik}\wedge b_{kj}$，再利用（1）。）

4. 证明 $PATH\in NC^2$。假设 A 是 $m\times m$ 的布尔矩阵，定义 A 的传递闭包为 $A^*=A\vee A^2\vee\cdots\vee A^m$，其中 A^k 是 A 与 A 自身相乘 k 次，$A\vee B$ 的每个元素是 A、B 两个矩阵相同位置元素的 $\vee$。

（1）假设 A 是某个有向图 G 的邻接矩阵，证明 A^2 中的第 ij 个元素是 1 当且仅当 G 中从顶点 i 到顶点 j 有 2 长的路。

（提示：$(A^2)_{ij}=\bigvee_k (a_{ik}\wedge a_{kj})$，若此值为 1，意味着什么？）

由此，定义图 G'，它的顶点 i 到 j 有边当且仅当 G 中从 i 到 j 有 2 长的路，那么 A^2 就是图 G' 的邻接矩阵。

（2）对 A^k 证明相似结论，即：A^k 中的第 ij 个元素是 1 当且仅当 G 中从顶点 i 到顶点 j 有 k 长的路。由此，PATH 问题可以通过计算 G 的邻接矩阵的传递闭包来判定（若 s 到 t 有路，则传递闭包对应位置上是 1）。

（3）如果将计算布尔矩阵乘积的电路看作一个节点，证明 A^k 可以由 size-depth 为 $(O(k),O(\log k))$ 的二叉树计算。由此，A^m 可以由 size-depth 为 $(O(m)O(n^{\frac{3}{2}}),O(\log m)O(\log n))=(O(n^2),O(\log^2 n))$ 的电路计算，$n=m^2$。

（4）证明计算 A^* 的 size-depth 为 $(O(n^{\frac{5}{2}}),O(\log^2 n))$。

（提示：计算出所有的 A^k，$k=1,\cdots,m$，再对这 m 个矩阵以二叉树形式计算矩阵 $\vee$。）

5. 假设对布尔电路不限定 $\wedge$、$\vee$ 门的输入个数只能为 2，这样的电路称为扇入无界电路（unbounded fan in）。类似 NC^i，定义 AC^i 为所有 $(poly(n),O(\log^i n))$ size-depth 一致扇入无界电路可判定的语言构成的类，而 $AC=\bigcup_{i\geq 1} AC^i$。证明：

（1）$AC^i\subseteq NC^{i+1}\subseteq AC^{i+1}$，$j\geq 0$；

（2）$AC=NC$。

第11章　多项式分层

多项式分层(polynomial hierarchy,简记为 PH)是对 P、NP 和 co-NP 的自然扩展,它与我们学习过的很多复杂性类都有一定的联系。PH 的定义有很多种方式,下面先从之前已经接触过的 oracle TM 以及相对化复杂性类出发给出它的定义,后面会给出它的其他等价定义。

11.1　定义与实例

回忆 oracle TM 以及相对化复杂性类的概念。我们学习过相对化复杂性类 P^L、NP^L、P^{SAT} 和 NP^{SAT},它们是在可以访问某个语言的 oracle 的情况下在 PT 内由 DTM 或 NDTM 可以判定的语言构成的类。当时我们已经提到过 P^{SAT} 和 NP^{SAT} 分别是 PH 中的第二层 Δ_2 和 Σ_2。

考虑更一般的相对化复杂性类:

$$P^{NP} = \bigcup_{A \in NP} P^A$$

也即:可以访问 NP 中某语言的 oracle 的情况下在 PT 内可以判定的所有语言构成的类。

类似地,

$$NP^{NP} = \bigcup_{A \in NP} NP^A$$

P^{NP} 的效果是什么呢?事实上 $P^{NP} = P^{SAT}$,$NP^{NP} = NP^{SAT}$,请自行证明(习题)。

定义 11.1(PH)　定义 $\Delta_0 = \Sigma_0 = \Pi_0 = P$,并且

$$\Delta_i = P^{\Sigma_{i-1}}, \quad \Sigma_i = NP^{\Sigma_{i-1}}, \quad \Pi_i = co\text{-}NP^{\Sigma_{i-1}}$$

即

$$\Delta_1 = P^P = P, \quad \Sigma_1 = NP^P = NP, \quad \Pi_1 = co\text{-}NP^P = co\text{-}NP$$

$$\Delta_2 = P^{NP}, \quad \Sigma_2 = NP^{NP}, \quad \Pi_2 = co\text{-}NP^{NP}$$

$$\cdots\cdots$$

$$PH = \bigcup_{i \geqslant 0} \Sigma_i (即 = \bigcup_{i \geqslant 0} \Delta_i = \bigcup_{i \geqslant 0} \Pi_i,我们很快就会看到这一点。)$$

PH 中有很多有趣的语言,下面介绍几种与 SAT 相关的。譬如之前已经证明过:

$$NONMIN = \{\varphi: \varphi 不是极小布尔表达式\} \in NP^{SAT} = NP^{NP} = \Sigma_2$$

那么

$$MIN = \{\varphi: \varphi 是极小布尔表达式\} \in co\text{-}\Sigma_2 = \Pi_2$$

另外,考虑语言:

$$UNIQUE\text{-}SAT = \{\varphi: \varphi 恰有一组满意赋值\}$$

我们可以非确定性地猜测一组赋值 A，计算并验证 $\varphi(A)=1$。若确实如此，再向 SAT 的 oracle 询问 $\varphi \wedge (x \ne A)$ 是否可满足，若不可满足则接受。

其中，$x \ne A$ 的具体表达式举例如下：

若 φ 有 4 个变量 $x=(x_1,x_2,x_3,x_4)$，$A=1001$ 是 φ 的满意赋值，则 $x \ne A$ 的表达式为

$$\overline{x_1 \wedge \overline{x_2} \wedge \overline{x_3} \wedge x_4}$$

这个判定器是一个可以访问 SAT oracle 的 NDTM，所以

$$\text{UNIQUE-SAT} \in \text{NP}^{\text{SAT}} \in \Sigma_2$$

如果我们再利用一下 SAT 的自归约特性，不是非确定性地猜测满意赋值，而是直接利用 SAT 的 oracle 确定性地求出一组满意赋值，再询问 $\varphi \wedge (x \ne A) \overset{?}{\in} \text{SAT}$，可以得到更强的结论

$$\text{UNIQUE-SAT} \in \text{P}^{\text{SAT}} \in \Delta_2$$

同理，

$$\text{SAT}_k = \{\varphi : \varphi \text{ 恰有 } k \text{ 组满意赋值}\} \in \Delta_2$$

PH 中还有很多问题，这里不再列举，但是一个非常有趣的现象是多数自然的问题都在 PH 的前三层中。

11.2 PH 的内部结构

由 PH 的定义易于看出：

定理 11.2 $(\Sigma_i \bigcup \Pi_i) \subseteq \Delta_{i+1} \subseteq (\Sigma_{i+1} \bigcup \Pi_{i+1})$。

证明 显然，$\Sigma_i \subseteq \text{P}^{\Sigma_i} = \Delta_{i+1}$。事实上，$\text{P}^{\Sigma_i}$ 型的 TM 只要一次 oracle 询问就可以直接判定 Σ_i 中的语言。而 $\Pi_i = \text{co-}\Sigma_i \subseteq \text{co-P}^{\Sigma_i} = \text{P}^{\Sigma_i}$。

另外，因为确定性只是非确定性的一种特例，所以

$$\Delta_{i+1} = \text{P}^{\Sigma_i} \subseteq \text{NP}^{\Sigma_i} = \Sigma_{i+1}$$

且

$$\Delta_{i+1} = \text{P}^{\Sigma_i} \subseteq \text{co-NP}^{\Sigma_i} = \Pi_{i+1}$$

由此，PH 的内部结构如图 11.1 所示。

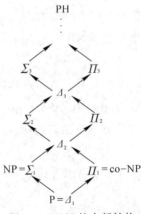

图 11.1 PH 的内部结构

从图 11.1 中易于看出：

$$\bigcup_{i \geqslant 0} \Delta_i = \bigcup_{i \geqslant 0} \Pi_i = \bigcup_{i \geqslant 0} \Sigma_i = \mathrm{PH}$$

11.3　交错式 TM 与 PH 的等价定义

观察 Σ_2 和 Π_2 中的语言，它们有怎样的判定器呢？

对于 NONMIN $\in \Sigma_2$，若 $\exists$ 更短的 ψ，$\forall$ 赋值 A，$\psi(A) = \varphi(A)$，则接受 φ（为非极小布尔表达式）。而对于 MIN $\in \Pi_2$，若 $\forall$ 更短的 ψ，$\exists$ 赋值 A，$\psi(A) \neq \varphi(A)$，则接受 φ（是极小布尔表达式）。

这两个判定器的计算树如图 11.2 所示。

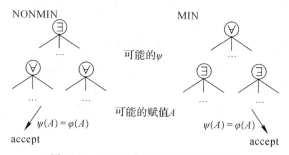

图 11.2　NONMIN 和 MIN 的判定树

相对于 NDTM 只能有 $\exists$ 型步骤，co-NP 中的判定器只有 $\forall$ 型步骤，现在 $\forall$ 和 $\exists$ 步骤都可能出现。将这样的计算过程一般化，就得到交错式 TM（alternating TM，简记为 ATM）的概念，其中 $\forall$ 和 $\exists$ 步骤出现次数不固定。

定义 11.3（ATM）　ATM 是一类特殊的 NDTM，它的每个状态，除了 q_{accept} 和 q_{reject} 外，都被存在状态"$\exists$"和全称状态"$\forall$"标记，即：在 ATM 的计算树上，每个节点，除了叶子节点外，都标记以 $\exists$ 和 $\forall$。标记为 $\exists$ 的节点接受当且仅当它的孩子节点中至少有一个接受，标记为 $\forall$ 的节点接受当且仅当它的所有孩子节点都接受。最后，若根节点接受则接受，否则拒绝。（自下而上地决定接受还是拒绝。）

注：

（1）显然，NDTM 是 ATM 的一个特例：每个非叶子节点都标记为 $\exists$。

（2）对于确定性的计算步骤，因为 $\exists$ 和 $\forall$ 此时无区别，所以可以不做标识。

（3）同一条计算路上相邻的两个 $\exists$ 或 $\forall$ 步骤可以合并。

对 ATM 也可以类似定义时间和空间复杂性以及相关的类，但这里不讨论，只是由 ATM 给出 PH 的另一个定义，或者说 PH 的一种有用的特征：有 $\exists$ 和 $\forall$ 步骤交替出现的 ATM 判定器。

观察 NONMIN $\in \Sigma_2$ 和 MIN $\in \Pi_2$ 的判定器。前者是 $\exists \forall$ 型判定器，Σ_2 中的语言是否都有这种类型的 ATM 判定器呢？后者是 $\forall \exists$ 型判定器，Π_2 中的语言是否也有这种类型的 ATM 判定器呢？

另外，注意到 NP $= \Sigma_1$ 有 $\exists$ 型判定器，co-NP $= \Pi_1$ 有 $\forall$ 型判定器，都只有一次 $\exists$ 或 $\forall$，

而 Σ_2 和 Π_2 有两次，以此类推，有以下定理。

定理 11.4(PH 的等价定义)

$L \in \Sigma_i$ iff L 有以 $\exists$ 开头，并且 $\exists$ 和 $\forall$ 至多交替出现 i 次的 ATM 判定器。

$L \in \Pi_i$ iff L 有以 $\forall$ 开头，并且 $\exists$ 和 $\forall$ 至多交替出现 i 次的 ATM 判定器。

证明　对 i 用归纳法：

$i=1$ 时，$\Sigma_1 = \text{NP}$，$\Pi_1 = \text{co-NP}$，结论显然成立。

$i > 1$ 时，假设结论对 Σ_{i-1} 和 Π_{i-1} 成立，要证对 Σ_i 和 Π_i 也成立。

下面先对 Σ_i 进行证明。

"if"：假设 L 有 $\exists \forall \cdots Q_i$ 型 ATM 判定器 M，其中 $\exists$ 和 $\forall$ 交替出现，至多 i 次，Q_i 为 $\exists$ 或 $\forall$，取决于 i 的奇偶。

令集合 S 由满足以下条件的格局 C 构成：M 由 C 出发至多经过 $i-1$ 次 $\forall$ 和 $\exists$ 的交替就可到达接受状态，且 C 处于 $\forall$ 状态。

现在开始，处于 $\forall$ 状态的格局我们称之为 $\forall$ 格局，处于 $\exists$ 状态的格局称之为 $\exists$ 格局。

显然，$S \in \Pi_{i-1}$：只要以 C 开始模拟 M 即可判定 S，而这是一个 $\forall \exists \cdots Q_{i-1}$ 型 ATM 判定器，所以由归纳假设，$S \in \Pi_{i-1}$。

现在构造 L 的 oracle NDTM 判定器 N^S 如下：N^S 模拟 M 进入第一次 $\forall$ 格局 C，询问 $C \overset{?}{\in} S$，若回答为 yes 则接受，否则拒绝。

该过程显然是 PT 的，并且满足有一个分支接受则接受。所以

$$L \in \text{NP}^{\Pi_{i-1}} = \text{NP}^{\Sigma_{i-1}} = \Sigma_i$$

其中第一个等号请自行证明(习题)。

"only if"：假设 $L \in \Sigma_i = \text{NP}^{\Sigma_{i-1}}$，$N^B$ 是其 PT 的 oracle NDTM 判定器，$B \in \Sigma_{i-1}$，要为 L 构造 $\exists \forall \cdots Q_i$ 型 ATM 判定器 M_L。

因为 $B \in \Sigma_{i-1}$，所以由归纳假设，它有 $\exists \forall \cdots Q_{i-1}$ 型 ATM 判定器，记作 M_B。

若 N^B 对 B 的询问只有一次，而且最终接受或拒绝与询问结果保持一致，那么 M_L 很容易构造：M_L 只要模拟 N^B($\exists$ 步骤)，一旦 N^B 询问某 $y \overset{?}{\in} B$，就直接模拟 M_B 在 y 上的运行($\exists \forall \cdots Q_{i-1}$ 型)，最后因为结果一致，整个过程是 $\exists \exists \forall \cdots Q_i$ 型的。前面两个 $\exists$ 步骤可以合并，因此 $L \in \Sigma_{i-1} \subseteq \Sigma_i$。

但是，现在 N^B 对 B 的询问可能有多次，情况复杂许多。

先做一个处理，将所有的询问都推迟到最后再做，即：M_L 模拟 N^B，每次 N^B 询问某个 $y_i \overset{?}{\in} B$ 时，M_L 非确定性地猜测一个答案 $b_i = \text{yes/no}$(这是 $\exists$ 步骤，与 N^B 自身的 $\exists$ 步骤可合并)，并记录 (y_i, b_i)(至多多项式对，PT!)。之后继续模拟 N^B，若 N^B 拒绝则拒绝，若 N^B 接受，则在接受前先验证每次 b_i 的正确性，即：所有 b_i 都正确才最终接受。

如果我们使用一次 $\forall$ 步骤，可以将这些验证压缩为一次！即：$\forall (y_i, b_i)$，b_i 正确。这么做会增加一次交替，会不会有问题呢？后面为强调这一次的 $\forall$ 步骤，我们给它加上一个 $*$，记作 $\forall^*$。

· 若 $b_i = \text{no}$，即 $y_i \notin B$，此时 $y_i \in \overline{B} \in \text{co-}\Sigma_{i-1} = \Pi_{i-1}$，由归纳假设，$\overline{B}$ 有 $\forall \exists \cdots Q_{i-1}$ 型判定器，检验 $y_i \in \overline{B}$ 时可以采用这个判定器。与之前已有的两次 $\exists \forall^*$ 步骤合并后，得到的

是 $\exists\forall^*(\forall\exists\cdots Q_{i-1})\Longleftrightarrow\exists\forall\exists\cdots Q_i$ 型步骤（连续的两个 $\forall$ 可合并），符合要求。

• 若 $b_i=\text{yes}$，即 $y_i\in B$，虽然 B 有 $\exists\forall\cdots Q_{i-1}$ 型判定器 M_B，但与之前已有的两次 $\exists\forall^*$ 步骤合并后，得到的是 $\exists\forall^*(\exists\forall\cdots Q_{i-1})$ 型步骤，多了一次交替！

为此，做如下处理：当 $b_i=\text{yes}$ 时，先模拟 M_B 在 y_i 上的运行直至进入它的第一次 $\forall$ 格局 C，用 C 替代 b_i，即：将 M_B 的第一个 $\exists$ 步骤提前到 $\forall^*$ 之前进行，而在 $\forall^*$ 之后该验证 $b_i=\text{yes}$ 时，替换为只验证 M_B 以格局 C 开始运行最终会接受。

因为 $\forall^*$ 之前是 $\exists$ 步骤，再增加一个 $\exists$ 步骤，可以合并，不会增加交替次数，而 C 的验证只要继续模拟 M_B 即可，是 $\forall\exists\cdots Q_{i-2}$ 型步骤，所以整个计算过程是 $\exists\forall^*(\forall\exists\cdots Q_{i-2})$ $\Longleftrightarrow\exists\forall\exists\cdots Q_{i-1}$ 步骤，也没有超过 i 次，符合要求。

对于 Π_i，可类似证明。事实上，因为 $\Pi_i=\text{co-}\Sigma_i$，而"co-"意味着判定规则取补，所以结论显然成立。　　　　　　　　　　　　　　　　　　　　　　□

由 PH 具有 ATM 判定器，容易得出如下推论。

推论 11.5　$\text{PH}\subseteq\text{PSPACE}$。

证明　PH 中的语言都有 PT 的 ATM 判定器，因为每个计算分支至多多项式长，从而至多占用多项式空间。

虽然可能的分支个数有指数多，但是 $\exists$ 和 $\forall$ 的次数有限，可以压栈存储所有的 $\exists$ 和 $\forall$，这只需要常数空间。

之后，模拟每个分支是接受还是拒绝（多项式空间！），再上行至上层节点，根据上层是 $\exists$ 还是 $\forall$，决定该层接受还是拒绝，最后根节点接受则接受，否则拒绝。

整个算法是确定性的，并且只需多项式空间。　　　　　　　　　　　　　　　　　□

PH 还有其他的等价定义方式，譬如一种特殊性质的一致电路，参阅参考文献[4]或[7]，或者扩展多项式界定的二元关系到多元，并将 $\exists$ 型证书或 $\forall$ 型证书扩展为 $\exists$ 和 $\forall$ 交错出现型的证书（参考文献[5]）。后者比较常见，但因为涉及多元关系，我们不再介绍。

11.4　PH 坍塌

一般来说，我们相信 PH 中 $\Sigma_i\ne\Pi_i$，有趣的是一旦 $\Sigma_i=\Pi_i$，PH 就坍塌（collapse）至该层，即：更高层的 Σ_j、Π_j 都与该层相同。

定理 11.6　若 $\text{NP}=\text{co-NP}$，则 $\text{PH}=\text{NP}$。

证明　只要证 $\Sigma_2=\text{NP}$ 即可，因为由此得 $\Pi_2=\text{co-NP}=\text{NP}$，以此类推，$\Sigma_3=\Pi_3=\text{NP}$……最后 $\text{PH}=\text{NP}$。

因为 $\text{NP}=\Sigma_1\subseteq\Sigma_2$，所以只要证 $\Sigma_2\subseteq\text{NP}$ 即可。

假设语言 $L\in\Sigma_2=\text{NP}^{\text{NP}}$，$N^A$ 是其符合 Σ_2 定义的判定器，$A\in\text{NP}=\text{co-NP}$。注意，这意味着 $\overline{A}$ 也有 NDTM 判定器。

为 L 构造不需要访问 oracle 的 NDTM 判定器如下：输入 x，模拟 N^A 在 x 上的运行，对其所有询问非确定性地猜测答案 $b_i=\text{yes/no}$，最后若 N^A 拒绝则拒绝，若 N^A 接受，则在接受前先（依次）检查所有（至多多项式个）猜测的答案是否正确。检查时：

• 若 $b_i=\text{yes}$，则运行 A 的 NDTM 判定器。

• 若 $b_i=$no，则运行 $\overline{A}$ 的 NDTM 判定器。

这样，可以保证每次都至少有一个接受分支。

显然，该过程 PT，并且满足 $x\in L$ 当且仅当至少有一个接受分支。 □

本质上，NP=co-NP 意味着 $\exists$ 计算可以替换为 $\forall$ 计算，所以 Σ_2 的 $\exists\forall$ 型判定器等价于 $\exists\exists$ 型，从而等价于 $\exists$ 型，即 NP 判定器。

推广该定理的证明，很容易得到如下定理。

定理 11.7 若 $\Sigma_i=\Pi_i$，则 PH$=\Sigma_i$。（PH 坍塌至 Σ_i）。

与 PH 坍塌相关的结论较多，下面介绍其中比较重要的一个。

定理 11.8（Karp-Lipton 定理） 若 NP$\subseteq$P/poly，则 $\Sigma_2=\Pi_2(\Rightarrow$PH$=\Sigma_2)$。

因为 SAT 是 NPC 问题，该定理也可以等价地表述为

$$\text{若 SAT}\in\text{P/poly，则 }\Sigma_2=\Pi_2$$

所以，该定理实际上给出了 SAT 不太可能有多项式 size 电路的证据。

证明 若 SAT$\in$P/poly，则存在电路族 $\{C_n^*\}$，C_n^* 可以判定 n 长布尔表达式 φ（二进制编码）是否可满足，且 C_n^* 的 size 至多是某个多项式，记作 $p_1(|\varphi|)$。

要证 $\Sigma_2=\Pi_2$，只要证 $\Pi_2\subseteq\Sigma_2$。（因为 $\Pi_2=$co-Σ_2。）

假设语言 $L\in\Pi_2$，M^{SAT} 是其 $\forall$ 型 oracle 判定器，其 time 为某个多项式，记为 $p_2(|x|)$。M^{SAT} 至多进行 $p_2(|x|)$ 次对 SAT 的询问，每次询问的 φ 也至多 $p_2(|x|)$ 长。为了描述简单，我们假设每次询问都恰好 $p_2(|x|)$ 长（不够长的可做适当的填充，譬如添加足够多的 "$\wedge 1$"），这样就可以考虑用 $\{C_n^*\}$ 中的 $C_{p_2(|x|)}^*$ 替代每次对 oracle 的询问，将 M^{SAT} 变成 $\forall$ 型无 oracle 的判定器。

由此，构造 L 的 $\exists\forall$ 型判定器如下：

输入 x，首先 $\exists$ 性地猜测一个 $p_1(p_2(|x|))$ 长的电路 C，然后模拟 M^{SAT} 在 x 上的运行（这是 $\forall$ 步骤），对每次询问 $\varphi\overset{?}{\in}$SAT，用 $C(\varphi)$ 回答。

最后，若 M^{SAT} 拒绝则拒绝，若 M^{SAT} 接受，则接受前需要（依次）检查每次 $C(\varphi)$ 是否都正确，这是因为猜测的 C 可能并非 SAT 的判定电路，从而导致错误的接受。检查过程如下：

• 若 $C(\varphi)=$yes，则利用 SAT 的自归约特性，以 C 作为 SAT 的 oracle，在 PT 内求出 φ 的一组满意赋值 A，再检查 $\varphi(A)\overset{?}{=}1$，是则继续，否则直接拒绝。

这是一个确定性过程，所以不会增加 $\forall$ 或 $\exists$ 的次数。

• 若 $C(\varphi)=$no，则 $\forall$ 可能的赋值 A，检查 $\varphi(A)\overset{?}{=}0$，是则继续，否则直接拒绝。

这是一个 $\forall$ 步骤，但与之前的 $\exists\forall$ 步骤可合并为 $\exists\forall\forall\Leftrightarrow\exists\forall$ 步骤。

容易验证上述过程是 PT 的，而且：

• $x\in L$ 时，因为 $\exists C=C_{p_2(|x|)}^*$，使得每次询问的回答都正确，从而上述过程因 M^{SAT} 接受而最终接受。

• $x\notin L$ 时，$\forall C$，

① 若 C 判定 SAT，譬如 $C=C_{p_2(|x|)}^*$，则 M^{SAT} 至少有一个拒绝分支。

② 若 C 不判定 SAT，且每次 $C(\varphi)$ 都碰巧判定正确，那么 M^{SAT} 也至少有一个拒绝分

支，而若某次 $C(\varphi)$ 判定错误，则在上述检查过程中一定会拒绝。这是因为：

（a）若 $\varphi\notin$ SAT 但 $C(\varphi)=$ yes，此时因为 φ 不可满足，所以由自归约求出来的赋值不可能是满意赋值。

（b）若 $\varphi\in$ SAT 但 $C(\varphi)=$ no，此时因为 φ 可满足，所以一定存在赋值 A，使得 $\varphi(A)=1$，也有拒绝分支。　　　　　　　　　　　　　　　　　　　　　　　　　　　□

我们已经看到了一些 PH 和其他复杂性类之间的关系，但不止于此，譬如定理 11.9。

定理 11.9　$\mathrm{BPP}\subseteq\Sigma_2\subseteq\mathrm{PH}$。

虽然我们还不知道 BPP 与 NP 的关系，但是 $\mathrm{BPP}\subseteq\Sigma_2=\mathrm{NP^{NP}}$。（我们将在习题中证明这个定理。）

习　　题

1. 证明：$\mathrm{P^{NP}}=\mathrm{P^{SAT}}$，$\mathrm{NP^{NP}}=\mathrm{NP^{SAT}}$。
2. 证明：P＝PH 当且仅当 P＝NP。
3. 证明：$\mathrm{NP}^{\Sigma_i}=\mathrm{NP}^{\Pi_i}$。
4. 试用"$\leqslant_P$"给出 PH 完全性的定义，证明：若 PH 中有完全问题，则 PH 坍塌。
5. 证明：$\mathrm{BPP}\subseteq\Sigma_2$。

（提示：请参考第 12 章中 BPP 有单边错的 IP 系统的证明，为 BPP 中的语言写出一个 $\exists\forall$ 型判定器）。

第12章 交互式证明

传统的数学证明是静态的，可以以确定的方式进行验证。

想象示证方(Prover)P 试图使验证方(Verifier)V 相信某个陈述，特别地，如 $x \in L$。我们要求 V 是 PT 的(关于 $|x|$)。

传统的证明可以看作：P 将证明 π 直接发给 V，V 确定性地验证 π 的正确性，即

$$\begin{cases} 若 x \in L, & 则存在 \pi，使得 V(x,\pi)=1 \\ 若 x \notin L, & 则对于任意的 \pi, V(x,\pi)=0 \end{cases}$$

满足上述条件的 (P,V) 称为语言 L 的证明系统(proof system)，具体定义稍后给出。(V 必须是 PT 的)。

显然，

$$L 有证明系统 \text{ iff } L \in \text{NP}$$

如果限制 $\pi = \phi$(空串)，则

$$L 有证明系统 \text{ iff } L \in \text{P}$$

如果 $\pi = \phi$，但允许 V 随机化，会有

$$L 有证明系统 \text{ iff } L \in \text{BPP}。(V 可能出错)$$

现在考虑，如果 $\pi \neq \phi$，且 V 可以随机化，又将如何？

答案是 BPP 中的所有语言都将有单边错的证明系统!! 即：可以消除 $x \in L$ 时，V 出错的概率。注意如果 $\pi = \phi$，那么只有 co-RP 中的语言才有这种证明系统。

要说明这一点，就要注意下面的基本事实。

假设集合 $S \subset \{0,1\}^l$，$z_i \in \{0,1\}^l$，定义集合：

$$S \oplus z_i = \{s_j \oplus z_i : s_j \in S\}$$

考虑集合 $\bigcup_{i=1}^{l}(S \oplus z_i)$ 的大小。

若 S 小，则 $\bigcup_{i=1}^{l}(S \oplus z_i)$ 也小。譬如，当 $|S| \leqslant \dfrac{2^l}{4l}$ 时，

$$\left|\bigcup_{i=1}^{l}(S \oplus z_i)\right| \leqslant l \cdot |S| \leqslant \frac{2^l}{4}$$

若 S 大呢？譬如，当 $|S| \geqslant \left(1 - \dfrac{1}{4l}\right) \cdot 2^l$ 时，将有

$$\Pr_{z_1,\cdots,z_l}\left[\bigcup_{i=1}^{l}(S \oplus z_i) = \{0,1\}^l\right] \geqslant 1 - \left(\frac{1}{2l}\right)^l$$

下面对此给出证明。

考虑对某个给定的 $y \in \{0,1\}^l$，有

$$\Pr_{z_1,\cdots,z_l}\left[y\notin\bigcup_{i=1}^{l}(S\oplus z_i)\right]=\Pr_{z_1,\cdots,z_l}\left[y\notin S\oplus z_i,i=1,\cdots,l\right]$$

$$=\prod_{i=1}^{l}\Pr_{z_i}[y\notin S\oplus z_i]$$

$$\leqslant\prod_{i=1}^{l}\frac{\frac{2^l}{4l}}{2^l}=\left(\frac{1}{4l}\right)^l$$

由此,

$$\Pr_{z_1,\cdots,z_l}\left[\exists y,y\notin\bigcup_{i=1}^{l}(S\oplus z_i)\right]\leqslant 2^l\cdot\left(\frac{1}{4l}\right)^l=\left(\frac{1}{2l}\right)^l$$

上述说明当 $z_1,\cdots,z_l$ 随机选时,$\bigcup_{i=1}^{l}(S\oplus z_i)=\{0,1\}^l$ 的概率极大,所以一定存在一组特定的 $z_1,\cdots,z_l$,使得 $\bigcup_{i=1}^{l}(S\oplus z_i)=\{0,1\}^l$。由此,可以构造 $L\in\mathrm{BPP}$ 的证明系统如下:令 M 是 L 的判定器,且 M 使用 l 比特的随机性,其错误概率至多 $\frac{1}{4l}$(这是可以做到的,通过独立重复运行多次降低错误概率,使用的随机性只呈线性增长,而错误概率呈指数级减少)。

(1) 示证方 P 发送证明 $\pi=(z_1,\cdots,z_l)$(上述那组特定的)。

(2) 验证方 V 随机选 $r\in\{0,1\}^l$,接受当且仅当 $\bigvee_{i=1}^{l}M(x;r\oplus z_i)$(运行 M 时以 $r\oplus z_i$ 为随机性)接受。

分析:令 S_x 为使 $M(x;r)$ 接受的所有可能随机性 r 之集:

· 若 $x\in L$,则 $|S_x|\geqslant\left(1-\frac{1}{4l}\right)\cdot2^l$,由上面的事实,存在 $\pi=(z_1,\cdots,z_l)$,使得对任意 $r\in\{0,1\}^l$ 都有 $r\in\bigcup_{i=1}^{l}(S_x\oplus z_i)$,即对于任意的 $r\in\{0,1\}^l$ 都存在 i,使得 $r\in S_x\oplus z_i$,也即 $r\oplus z_i\in S_x$,所以 V 一定会接受。

· 若 $x\notin L$,则 $|S_x|\leqslant\frac{2^l}{4l}$,$\Pr[V$ 接受$]\leqslant\frac{1}{4}$。

乍看之下,只有 co-RP 中的语言才有满足上述条件的证明系统,现在 BPP 中的语言也有了!!这里交互起到了重要的作用。但是,如果只允许交互而不允许 V 使用随机性,即 V 是确定性的,那么 P 就可以预知 V 的"问题"(即:r),而将每次的"答案"(即:$z_1,\cdots,z_l$),放进它的证明 π 中,使得即使 $x\notin L$ 时 V 也接受,这就失去了证明的意义。

12.1　IP

将上述证明系统一般化,定义 IP 类。

令 $\langle P,V\rangle(x)$ 表示 P、V 共同输入 x,经过交互后,最终 V 的输出。

定义 12.1(IP)　语言 $L\in\mathrm{IP}$,若存在交互式的算法 (P,V),其中 V 是 PPT 的,并且满足

(1) 若 $x\in L$,则 $\Pr[\langle P,V\rangle(x)=1]=1$。这个条件通常被称为完备性(completeness)。

(2) 若 $x \notin L$，则对于任意的 P^*（即使欺骗），$\Pr[\langle P^*, V \rangle(x) = 1] \leqslant \frac{1}{2}$。这个条件通常被称为健全性（soundness）。

称满足上述条件的 (P, V) 为 L 的（交互式）证明系统。（P 和 P^* 可以是计算能力无界的。）

对该定义，我们应注意：

(1) 可允许 V 双边错，但已知由此定义的 IP 与此处定义等价，但交互的轮数可能不同。这可以利用与前面证明 BPP$\subseteq$IP 时类似的技巧，具体请参阅参考文献[42]。

(2) 定义中的 $\frac{1}{2}$ 不重要，可通过重复多次降低错误概率。

(3) 定义中对 P 和 P^* 的计算能力并无限制，可以是计算无界的。尽管如此，P 事实上至多只需多项式空间，因为这些空间足够穷举 V 可能使用的所有随机性及其发送的消息。

现在，如果无论哪一方发送一次消息都称为一轮交互，那么定义：

$$\text{IP}[n] = \{L : L \text{ 有 } n \text{ 轮交互式证明系统}\}$$

并且，我们总假设 P 发送最后一条消息（完成证明过程）。当然，因为 V 是 PPT 的，所以 n 至多是多项式。

易于看出，NP$\cup$BPP$\subseteq$IP$[1]$，那么 IP 中是否有除了 NP 和 BPP 之外的语言呢？下面就给出一个非常著名的实例：图的非同构。

两个图 G_0 和 G_1 是同构的（isomorphic），记作：$G_0 \cong G_1$，若对于某个顶点的置换 π，$G_0 = \pi(G_1)$，这意味着：

$$\text{边}(u, v) \in G_0 \text{ iff 边}(\pi(u), \pi(v)) \in G_1$$

例如，图 12.1 中的两个图就同构。

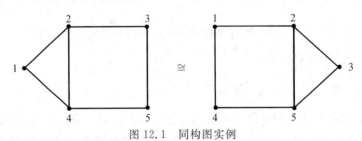

图 12.1　同构图实例

考虑语言：

$$\text{ISO} = \{(G_0, G_1) : G_0 \cong G_1\}$$

显然，ISO$\in$NP（置换 π 即为证书）。

ISO 有可能在 P 中吗？目前还没有发现这样的算法。那么，ISO 是 NPC 的吗？也不能证明。（事实上这不太可能，因为已经证明若 ISO 是 NPC 的，则 PH$=\Sigma_2$，参阅参考文献[4]）。人们更相信 ISO$\in$NPI。

再考虑 ISO 的补语言 NON-ISO，显然 NON-ISO$\in$co-NP。有没有可能 NON-ISO$\in$NP 呢？不同构似乎没有什么短的证书。但是，可以证明以下定理。

定理 12.2　NON-ISO$\in$IP$[2]$。

证明　可以为 NON-ISO 构造如下的交互式证明系统：

（1）V 随机选择 G_0 或 G_1，即随机选择一个比特 b，再随机选择一个置换 π，将 $G' = \pi(G_b)$ 发送给 P。

（2）若 $G' \cong G_0$，则 P 令 $\tilde{b}=0$，若 $G' \cong G_1$，则 P 令 $\tilde{b}=1$，返回 $\tilde{b}$ 给 V。

（3）V 接受当且仅当 $\tilde{b}=b$。

检查完备性和健全性如下：

（1）当 $G_0 \not\cong G_1$，即 $(G_0, G_1) \in \text{NON-ISO}$ 时，P 总正确（P 的计算能力是无界的，可以通过穷举 π 检查是否同构）。

（2）当 $G_0 \cong G_1$ 时，显然 P 只有 $\frac{1}{2}$ 的概率让 V 接受。

上述证明系统满足 IP 的定义。　　　　　　　　　　　　　　　　　　　□

12.2　公开/保密的随机性

现在，我们区分一下 V 所使用的随机性是公开的还是保密的这两种情况。

如果我们用 Arthur 表示验证方，用 Merlin 表示示证方，那么 Arthur-Merlin 交互式证明系统分两种情况：

（1）MA：Merlin 先说话（给出证明），之后 Arthur 选择随机性并验证 Merlin 的证明。这里 Arthur 的随机性是内部的、保密的，否则 Merlin 可根据此给出自己的证明。之前说明 BPP⊆IP 时给出的证明即是此类。

（2）AM：Arthur 先说话（提出问题），但只能发送它的随机性，因此这个随机性是公开的。之后 Merlin 发送一个与该随机性"相关"的证明（回答问题），最后 Arthur 验证（验证不再需要随机性，即使 Arthur 这样做也不会改变类，马上就会看到相关的定理）。前面说明 NON-ISO∈IP 的证明系统即是此类。

它们对应的复杂性类具体定义如定义 12.3。

定义 12.3（MA 和 AM）　语言 $L \in$ MA，若存在 PT（关于 $|x|$）的 DTM V，满足

$$\begin{cases} 若\ x \in L，则\ \exists y，使得\ \forall z（某个固定多项式长），有\ V(x,y,z)=1 \\ 若\ x \notin L，则\ \forall y，有\ \Pr_z[V(x,y,z)=1] \leqslant \frac{1}{2} \end{cases}$$

证明过程中，示证方 Merlin 发送 y，验证方 Arthur（即 V）随机选择 z。

语言 $L \in$ AM，若存在 PT（关于 $|x|$）的 DTM V，满足

$$\begin{cases} 若\ x \in L，则\ \forall y（某个固定多项式长），\exists z，使得\ V(x,y,z)=1 \\ 若\ x \notin L，则\ \Pr_y[\exists z，使得\ V(x,y,z)=1] \leqslant \frac{1}{2} \end{cases}$$

证明过程中，Arthur 发送随机的 y，Merlin 回答 z。

定义中只允许单边错，但事实上用双边错的定义是等价的（同样，可利用证明 BPP⊆IP 类似的技巧）。

另外，需要注意以下几点：

（1）MA 可以看作是 NP 的随机化：一个固定的证明可以随机地验证。所以若语言 $L \in$

MA 时，我们说 L 有"可公开的(publishable)证明"。

（2）前面对 NON-ISO 给出的交互式证明并不符合 AM 的定义（考虑 b 是公开的吗？），但是可以证明 NON-ISO $\in$ AM，只是需要的证明系统复杂些，需要用到两两独立的 Hash 函数，此处不做介绍，可以参阅参考文献[4]。

（3）MA 和 AM 证明系统只是一种特殊的交互式证明系统，所以 MA$\cup$AM$\subseteq$IP。一个有趣的问题是这个包含是否可能是真包含？即这种证明系统的能力是否一定小于一般的交互式证明？答案是否定的。这由以下定理保证：

定理 12.4 IP$[n]\subseteq$AM$[n+2]$。

此处不讨论该定理的证明，它与前面提到的 NON-ISO$\in$AM 的证明有关，可参考参考文献[43]，这里只解释 Arthur-Merlin 交互式证明系统的轮数问题。在定义中轮数是固定的（MA 是 1 轮的，AM 是 2 轮的），但可以允许多轮交互，如果只是常数轮，则这样做并没有什么意义。为了说明这一点，考虑 MA 和 AM 谁的要求更强呢？直觉上应该是 MA，也确实如此。

定理 12.5 MA$\subseteq$AM。

证明 假设语言 $L\in$MA，令 Merlin 发送的消息为 y，则 $|y|$ 至多是 $|x|$ 的多项式（V 是 PT 的），记这个长度为 $p(|x|)$，以下简记为 p。

用降低错误的方法将 $x\notin L$ 时 Arthur 的错误概率降低至 $\dfrac{1}{2^{p+1}}$，这可以通过对同一个 y 独立并行重复运行 Arthur 多次（譬如 $p+1$ 次）做到，注意此时仍是一个 MA 系统。

这样，就有：

- 当 $x\in L$ 时，$\exists y$（记为 y^*，对 Arthur 选的所有 z，都有 $V(x,y,z)=1$。
- 当 $x\notin L$ 时，$\forall y$，$\Pr\limits_z[V(x,y,z)=1]\leqslant\dfrac{1}{2^{p+1}}$，即能使 V 接受的 z 的比例至多 $\dfrac{1}{2^{p+1}}$。

现在，反转顺序：Arthur 随机选 z 发给 Merlin，Merlin 回答 y，Arthur 和之前一样进行验证。此时，

- 当 $x\in L$ 时，Merlin 只需发 y^*。
- 当 $x\notin L$ 时，

$$\Pr_z[\exists y: V(x,y,z)=1]=\Pr_z[\text{至少有一个 } y \text{ 使得 } V(x,y,z)=1]$$
$$=\Pr_z[\text{或第一个 } y \text{ 或第二个 } y\cdots\text{或第 } 2^p \text{ 个 } y \text{ 使得 } V(x,y,z)=1]$$
$$\leqslant\sum_{i=1}^{2^p}\Pr_z[\text{第 } i \text{ 个 } y \text{ 使得 } V(x,y,z)=1]$$
$$\leqslant 2^p\cdot\dfrac{1}{2^{p+1}}=\dfrac{1}{2}$$

该证明系统符合 AM 定义，所以 $L\in$AM。 □

注意这里顺序替换的代价：

- MA 中 Merlin 发送 y，$|y|=p(|x|)$。
- AM 中 Arthur 需发送 z，虽然在原 MA 中 $|z|$ 也至多 poly$(|x|)$，但是为了降低错误概率需独立重复 $p+1$ 次，所以实际通信量是原来的 $|z|$ 的 $p+1$ 倍。

定理的证明说明 MA 步骤都可以替换为 AM 步骤。更一般的,对于多轮的 Arthur-Merlin 系统,每次 MA 步骤都可以替换为 AM 步骤,从而

$$AMA \subseteq AAM = AM$$

显然 $AM \subseteq AMA$,所以最终 $AMA = AM$。(这解释了前面提到的 Arthur 验证不再需要随机性的问题。)

同理,

$$MAM \subseteq AMM = AM$$

所以 $MAM = AM$。

由此,任意**常数**轮 Arthur-Merlin 证明系统都包含在 AM 中。但是,需要注意,如果超出常数轮,这个结论未必成立,因为每次从 MA 到 AM 的替换都要付出通信量多项式倍增加的代价,太多次替换可能导致通信量不再是多项式,此时 PT 的 V 是不可能读完的!(试想,如果这样的替换多达 $|x|$ 次,则通信量呈指数级增长。特别地,$AM[n+2]$ 未必等于 AM。)

12.3 IP＝PSPACE

我们已经看到了 IP 的威力,尽管 IP 定义中的 P 计算无界,但 IP 的威力仍然有限。事实上 IP＝PSPACE。

先看简单的方向:

定理 12.6 IP⊆PSPACE。

证明概要: 我们不能直接构造一个 TM M 去模拟 (P,V),因为 P 的计算不受限。但是,因为 V 只是 PT 的,P 的策略有限:交互的轮数至多是多项式,每轮发送的消息也至多多项式长。M 可以模拟 V 对所有可能交互的运行结果,计算 V 接受的概率:

- 若 ∃ 一种,∀ 随机性 r,V 最终都接受,则 M 就接受。

- 若 ∀ 交互,∃ r,使得 $\Pr[V \text{接受}] \leqslant \frac{1}{2}$,则 M 拒绝。

因为空间可以重复使用,所以 M 是 PS 的。   □

事实上,在 PS 内我们甚至可以找到 prover 的最优策略,详细过程可参阅参考文献[1]和[5]。

现在,来考察相反方向。

定理 12.7 PSPACE⊆IP。

这个方向的证明要复杂很多,为了完成这个证明,20 世纪 80 年代末曾经发生过一场时间竞赛,最终 A. Shamir 取得了胜利。下面将要给出的证明已经对最初的证明做了很多的简化。

先对 PSPACE 的子类 co-NP 证明其中的语言都有交互式证明系统。

定理 12.8 co-NP⊆IP。

如果能对一个 co-NP 完全的语言给出交互式证明系统即可证明该定理。前面虽然给出过 co-NP 中的语言 NON-ISO∈IP,但是因为未知 NON-ISO 是否是 co-NP 完全的,所以还不充分。

考虑 co-NP 完全语言:

$$\overline{SAT}=\{\varphi:\varphi\text{ 不可满足}\}$$

即 φ 有 0 组满意赋值。将这个语言一般化,记作:

$$L_{\#SAT}=\{(\varphi,k):\varphi\text{ 恰有 }k\text{ 组满意赋值}\}$$

这个语言中,我们关注的不仅仅是 φ 有没有满意赋值,而是有多少满意赋值,即不只关心有没有解(证书),还关心有多少个解(证书)。类似的问题称为**计数问题**。通常在语言前加符号"♯"来表示相应的计数问题。对 NP 中的语言研究对应计数问题的复杂性通常称作**计数复杂性**,其中能在 PT 内求解的计数问题构成的复杂性类记作 ♯P,它也是一个非常有研究价值的复杂性类,但此处不讨论,有兴趣的可以做进一步研究(可参阅参考文献[4]和[5])。

显然,

$$\overline{SAT}\leqslant_P L_{\#SAT}(\text{可将 }\varphi\text{ 改写为}(\varphi,0))$$

所以 $L_{\#SAT}$ 也是 co-NP-hard 的。

但是,$L_{\#SAT}\in$ co-NP 吗?不妨先考虑 $L_{\#SAT}\in$ NP 吗?φ 的 k 组满意赋值可以作为证书吗?不行,首先不知道有没有更多的满意赋值,其次因为这里 k 是变量,这个"证书"未必短。

那么,

$$\overline{L_{\#SAT}}=\{(\varphi,k):\varphi\text{ 的满意赋值个数不为 }k\}$$

有没有短证书呢?似乎也没有。

尽管如此,证明 $L_{\#SAT}\in$ IP 对证明上述定理仍然是充分的,理由如下:

$\forall$ 语言 $A\in$ co-NP,因为 $A\leqslant_P L_{\#SAT}$,记该归约为 f,那么输入 A 的实例 x,P 和 V 只需先计算 $f(x)$,再以 $f(x)$ 为输入运行 $L_{\#SAT}$ 的 IP 系统即可。

现在来证明 $L_{\#SAT}\in$ IP。

证明思路 输入 $\varphi(x_1,x_2,\cdots,x_n)$,$P$ 要证明 φ 恰有 k 组满意赋值,而这等价于 $\varphi(0,x_2,\cdots,x_n)$ 恰有 k_0 组满意赋值,$\varphi(1,x_2,\cdots,x_n)$ 恰有 k_1 组满意赋值,并且 $k_0+k_1=k$。因此可以考虑递归地构造 (P,V) 如下:

① P 发送 k_0,k_1;

② V 检查是否有 $k_0+k_1=k$,并发送一个随机选择的比特 b_1;

③ P 递归证明 $\varphi(b_1,x_2,\cdots,x_n)$ 恰有 k_{b_1} 组满意赋值;

④ 最后,V 可以自己验证是否有 $\varphi(b_1,b_2,\cdots,b_n)=k_{b_1\cdots b_n}$。($b_i$ 是 V 在递归第 i 层时选择的随机比特,$k_{b_{,0}}$ 和 $k_{b_{,1}}$ 对应递归第二层时的 k_0,k_1,以此类推)。

分析一下:

若 $\varphi\in L_{\#SAT}$,则 $\Pr[V_{\text{接受}}]=1$。

若 $\varphi\notin L_{\#SAT}$,则 $\Pr[V_{\text{接受}}]\leqslant 1-2^{-n}$。($\varphi$ 可能恰有 $k-1$ 组满意赋值,P^* 为使 V 接受,必然人为地加上一组赋值来冒充满意赋值,V 只有最终恰好选中了这组赋值才可能 reject)。

但是,$1-2^{-n}$ 太大,不符合 IP 的定义(这里普通的 error reduction 不管用!)。解决的方法是将 b 替换为某个有限域 $\mathbb{F}_q$ 上的随机元素 r,使得多数的 $(r_1,\cdots,r_n)$ 都(而不是唯一的一组 $(b_1,\cdots,b_n)$)能逮到欺骗的 P^*。但是,$\varphi(r)$ 意味着什么呢?首先,为了让其有定义,要对

Boolean 函数进行**算术化**(arithmetization)。

所谓算术化就是要将 $\ell(x_1,x_2,\cdots,x_n)$ 变换成一个多项式：$\Phi(x_1,x_2,\cdots,x_n)$，具体如下：

① $x \rightarrow x$；("$\rightarrow$"表示替换为)

② $\overline{x} \rightarrow 1-x$；

③ clause $\zeta=x_1 \vee x_2 \vee \cdots \vee x_l \rightarrow \hat{\zeta}=1-(1-x_1)(1-x_2)\cdots(1-x_l)$；

④ $\varphi=\zeta_1 \wedge \zeta_2 \wedge \cdots \wedge \zeta_m \rightarrow \Phi=\hat{\zeta}_1 \cdot \hat{\zeta}_2 \cdots \cdot \hat{\zeta}_m$。

这样，对 $b \in \{0,1\}^n$，若 b 是 φ 的满意赋值，则 $\Phi(b)=1$，若 b 不是 φ 的满意赋值，则 $\Phi(b)=0$，也即：$\varphi(b)=\Phi(b)$。

对 Φ，我们做几点说明：

(1) Φ 的次数 $d=\sum\limits_{i=1}^{m}\ell_i \leqslant |\varphi|$，$\ell_i$ 是 ζ_i 中变元的个数。

(2) Φ 恰有 k 组满意赋值当且仅当 $k=\sum\limits_{x_1 \in \{0,1\}} \cdots \sum\limits_{x_n \in \{0,1\}} \Phi(x_1,x_2,\cdots,x_n)$。

将 Φ 定义在有限域 $\mathbb{F}_q$ 上，即：$x_i \in \mathbb{F}_q$，P 要证明

$$k=\sum_{x_1 \in \{0,1\}} \cdots \sum_{x_n \in \{0,1\}} \Phi(x_1,x_2,\cdots,x_n)$$

这里 q 要足够大，$q > 2^{|\varphi|} (>2^n)$（当然，为保证 $\mathbb{F}_q$ 是域，q 必须是素数），这样上式等号右边的数值至多是 2^n，模 q 不变，作为 $\mathbb{F}_q$ 上的元素保持原值。

定义关于单变量 x_i 的多项式：

$$P_i(x_i)=\sum_{x_{i+1} \in \{0,1\}} \cdots \sum_{x_n \in \{0,1\}} \Phi(r_1,\cdots,r_{i-1},x_i,x_{i+1},\cdots,x_n)$$

并令 $k_r^i=P_i(r)$，$r \in \mathbb{F}_q$，则 (P,V) 可以如下进行：

(1) P 和 V 共识一致 q（以后默认该步骤，直接省略不写）。

(2) P 发送所有的 $k_r^1=P_1(r)$，$r \in \mathbb{F}_q$。

(3) V 检查是否 $k_0^1+k_1^1=k$（注意 $k_0^1=P_1(0)$，$k_1^1=P_1(1)$），并发送一个 $\mathbb{F}_q$ 上的随机元素 r_1。

(4) P 递归证明 $k_{r_1}^1=P_1(r_1)$：

① P 发送所有的 $k_r^2=P_2(r)$，$r \in \mathbb{F}_q$。

② V 检查是否 $k_0^2+k_1^2=\sum\limits_{x_2 \in \{0,1\}} P_2(x_2)=k_{r_1}^1$，并发送一个 $\mathbb{F}_q$ 上的随机元素 r_2。

③ P 递归证明……

(5) 最后，V 自己验证是否有 $\Phi(r_1,r_2,\cdots,r_n)=P_n(r_n)$。

问题是 P 不能将所有的 k_r^1 都发送给 V，因为这有指数多个。解决的方法是 P 直接将多项式 P_i 发给 V。这样，（诚实）P 和 V 的交互协议如下：

输入 (φ,k)，

· P 发送多项式 $P_1(x_1)$；

· V 验证 $P_1(0)+P_1(1)=k$，并发送一个 $\mathbb{F}_q$ 上的随机元素 r_1；

· P 发送多项式 $P_2(x_2)$；

· V 验证 $P_2(0)+P_2(1)=P_1(r_1)$，并发送一个 $\mathbb{F}_q$ 上的随机元素 r_2；

......

· P 发送多项式 $P_n(x_n)$;

· V 验证 $P_n(0) + P_n(1) = P_{n-1}(r_{n-1})$，随机选 F_q 上的随机元素 r_n，检查是否有 $P_n(r_n) = \Phi(r_1, r_2, \cdots, r_n)$。

下面检查该协议的完备性和健全性。

完备性：若 $(\varphi, k) \in L_{\#SAT}$，则显然 V 一定会接受。

健全性：若 $(\varphi, k) \notin L_{\#SAT}$，则定有 $P_1(0) + P_1(1) \neq k$，此时欺骗的 P^* 只能发送 $P_1^* \neq P_1$（否则一定会被 V 拒绝），但 $P_1^*(r_1) \neq P_1(r_1)$ 的概率极大。这是因为 $P_1^*(x_1) - P_1(x_1)$ 至多是 d (Φ 的次数) 次多项式，从而至多有 d ($\leqslant |\Phi|$) 个根，即：

$$\Pr[P_1^*(r_1) = P_1(r_1)] \leqslant \frac{d}{q}$$

接下来，为了使 $P_2^*(0) + P_2^*(1) = P_1^*(r_1)$，$P^*$ 只能选 $P_2^* \neq P_2$，否则 $P_2(0) + P_2(1) = P_1(r_1)$，后者不等于 $P_1^*(r_1)$ 的概率极大。

以此类推，$P_n^* \neq P_n$，$\Pr[P_n^*(r_n) \neq \Phi(r_1, r_2, \cdots, r_n)]$ 极大，也即 $\Pr[P_n^*(r_n) \neq P_n(r_n))]$ 极大。进而，V 拒绝的概率极大。具体说来，

$$\Pr[V_{接受}] = \Pr[至少有一次 P_i^* \neq P_i 且 P_i^*(r_i) = P_i(r_i)]$$

（譬如，若第一次是这种情况，则之后每次就可选 $P_i^* = P_i$。）

$$\leqslant \sum_i \Pr[P_i^* \neq P_i 且 P_i^*(r_i) = P_i(r_i)]$$

$$\leqslant n \cdot \frac{d}{q}$$

$$\leqslant \frac{n \cdot |\Phi|}{2^{|\Phi|}} \ll \frac{1}{2}$$

或者

$$\Pr[V_{接受}] = \Pr[P_n^*(r_n) = P_n(r_n)]$$

$$= \Pr[P_n^*(r_n) = P_n(r_n) | P_{n-1}^*(r_{n-1}) = P_{n-1}(r_{n-1})] \cdot \Pr[P_{n-1}^*(r_{n-1}) = P_{n-1}(r_{n-1})]$$

$$+ \Pr[P_n^*(r_n) = P_n(r_n) | P_{n-1}^*(r_{n-1}) \neq P_{n-1}(r_{n-1})] \cdot \Pr[P_{n-1}^*(r_{n-1}) \neq P_{n-1}(r_{n-1})]$$

$$\leqslant \Pr[P_{n-1}^*(r_{n-1}) = P_{n-1}(r_{n-1})] + \Pr[P_n^*(r_n) = P_n(r_n) | P_{n-1}^*(r_{n-1}) \neq P_{n-1}(r_{n-1})]$$

$$\leqslant \Pr[P_{n-1}^*(r_{n-1}) = P_{n-1}(r_{n-1})] + \frac{d}{q}$$

$$\leqslant \cdots$$

$$\leqslant \Pr[P_1^*(r_1) = P_1(r_1)] + \frac{(n-1) \cdot d}{q}$$

$$\leqslant n \cdot \frac{d}{q} \ll \frac{1}{2}$$

由此，$L_{\#SAT} \in IP$。 □

接下来，采用**算术化**的思想可以类似地给出 PSPACE 完全问题 TQBF 的一个 IP 系统，从而说明 PSPACE $\subseteq$ IP。

这需要对 TQBF 表达式 $\psi = Q_1 Q_2 \cdots Q_n \varphi$ 做进一步的算术化：

首先，算术化 φ 得到 Φ。

再对量词分别进行如下的算术化：

① $\forall x_n \varphi$

　　$\rightarrow \forall x_n \Phi$

　　$\rightarrow \displaystyle\prod_{x_n \in \{0,1\}} \Phi(x_1, \cdots, x_n) = \Phi(x_1, \cdots, x_{n-1}, 0) \cdot \Phi(x_1, \cdots, x_{n-1}, 1)$

显然，若固定 $x_1, \cdots, x_{n-1}$ 的 0/1 取值，$\forall x_n \varphi$ 真时上式为 1，$\exists x_n \varphi$ 假时上式为 0。

② $\exists x_n \varphi$

　　$\rightarrow \exists x_n \Phi$

　　$\rightarrow 1 - (1 - \Phi(x_1, \cdots, x_{n-1}, 0)) \cdot (1 - \Phi(x_1, \cdots, x_{n-1}, 1))$

　　$\xlongequal{\text{记作}} \displaystyle\coprod_{x_n \in \{0,1\}} \Phi(x_1, \cdots, x_n)$

这样，固定 $x_1, \cdots, x_{n-1}$ 的 0/1 取值，$\exists x_n \varphi$ 真时上式为 1，$\exists x_n \varphi$ 假时上式为 0。

对 ψ 中的量词依次做上述算术化，最终结果记为 Ψ。

例如，$\psi = \exists x_1 \forall x_2 \cdots \forall x_n \varphi(x_1, \cdots, x_n)$ 算术化为

$$\psi(x_1, \cdots, x_n) = \coprod_{x_1 \in \{0,1\}} \prod_{x_2 \in \{0,1\}} \cdots \prod_{x_n \in \{0,1\}} \Phi(x_1, \cdots, x_n)$$

检查该算术化的效果：ψ 为真当且仅当 $\psi = 1$。

但是，现在想构造一个与 $L_{\#\text{SAT}}$ 的类似的 (P, V) 协议仍有困难，因为 ψ 的次数很大，可能为 $2^n \cdot d$，这将导致 ψ 有指数多的系数，P 每次如何将相应（指数规模！）的 P_i 发送给 V 呢？

为解决这个问题，需要使用一个简单的技巧。注意到若 $x_i \in \{0,1\}$ 则 $x_i^k = x_i$，所以在每次 $\prod$ 和 $\coprod$ 操作前可以先对多项式进行降次，譬如：

$$x_1^5 x_2^4 + x_1^6 + x_1^7 x_2 = 2 x_1 x_2 + x_1$$

令 R_{x_i} 表示对 x_i 降次的操作（R 表示 reduce）。那么对于上例中的 ψ，P 只要使 V 相信：

$$\coprod_{x_1} R_{x_1} \prod_{x_2} R_{x_1} R_{x_2} \cdots \prod_{x_{n-1}} R_{x_1} \cdots R_{x_{n-1}} \prod_{x_n} R_{x_1} \cdots R_{x_n} \Phi(x_1, \cdots, x_n) = 1$$

为了简便起见，我们这里省略了"$\in \{0,1\}$"，后面的叙述中亦会如此。

将上式中等号左边的算子（operator）依次记作 $O_1, O_2, \cdots, O_l$，即 O_i 可能是对某个 j 的 $\coprod_{x_j}$、$\prod_{x_j}$ 或 R_{x_j}，则 ψ 的最终算术化结果为

$$O_1 O_2 \cdots O_l \Phi(x_1, \cdots, x_n) \xlongequal{\text{记作}} \hat{\Psi}$$

其中 $l = n + \displaystyle\sum_{i=1}^{n} i = \sum_{i=1}^{n}(i+1)$，量级约为 $O(n^2)$。

现在，可以构造 TQBF 的 (P, V) 了。

P 要证明 $\psi = 1$，只要证明 $\hat{\Psi} = 1$，实际协议与前面类似，需要将多项式作用在 $\mathbb{F}_q$ 上，所有相关的计算都需要模 q。这里，因为 $\hat{\Psi}$ 或 0 或 1，无论 q 的大小如何，$\hat{\Psi}$ 都不变，但是，soundness 中的概率仍与 q 呈反比，所以 q 仍需足够大。

协议将在每一轮去掉一个算子，具体如下：

(1) P、V 共识 q；

(2) 初始化：$v_0 = 1$，$P_0 = \Phi(x_1, \cdots, x_n)$；

（P 要证明 $\hat{\Psi} = O_1 O_2 \cdots O_l \, \Phi(x_1, \cdots, x_n) = 1 = v_0$。）

（3）第 i 轮，V 拥有一个数值 v_i；

① P 试图使 V 相信

$$v_i = O_{i+1} \cdots O_l \, \Phi_i \bmod q$$

Φ_i 是一个多项式，它的定义因算子 O_i 不同而不同，具体下面将详细讨论；

② V 要生成 v_{i+1}。

（4）最终，V 可以自己计算 $\Phi_l \overset{?}{=} v_l \bmod q$。

每轮因算子不同而分以下三种情况：

（1）$O_{i+1} = \prod\limits_{x_j}$，对某个 j：P 此时试图使 V 相信

$$v_i = \prod_{x_j} R_{x_1} R_{x_2} \cdots R_{x_j} O_{i+j+2} \cdots O_l \, \Phi(r_1, \cdots, r_{j-1}, x_j, \cdots, x_n) \bmod q$$

后者的具体意味是先计算：

$$\prod_{x_j} R_{x_1} R_{x_2} \cdots R_{x_j} O_{i+j+2} \cdots O_l \, \Phi(x_1, \cdots, x_n) \bmod q$$

得到多项式，再带入 $x_1 = r_1, \cdots, x_{j-1} = r_{j-1}$ 的值。

注意，$\prod\limits_{x_j}$ 之后一定紧接着对 $x_1, \cdots, x_j$ 的降次算子。

（诚实的）P 和 V 可以如下执行：

① P 发送 $P(x_j) = R_{x_1} \cdots R_{x_j} O_{i+j+2} \cdots O_l \, \Phi(r_1, \cdots, r_{j-1}, x_j, \cdots, x_n) \bmod q$。（请确认这是 x_j 的单变量多项式，并且因为已降过次，它的次数是 1。）

② V 检查 $v_i \overset{?}{=} \prod\limits_{x_j} P(x_j)$，是则随机选 r_j，令 $v_{i+1} = P(r_j)$，否则直接拒绝。

对于（欺骗的）P^*，发 $P^*(x_j)$ 想要通过验证，除非 $P^*(r_j) = P(r_j)$。因此，显然有

$$\Pr[P^*(r_j) = P(r_j)] \leqslant \frac{1}{q}$$

（2）$O_{i+1} = \text{Ц}\limits_{x_j}$，对某个 j：与上类似。

（3）$O_{i+1} = R_{x_j}$，对某个 j：P 此时试图使 V 相信

$$v_i = R_{x_j} R_{x_{j+1}} \cdots R_{x_s} O_{s+2} \cdots O_l \, \Phi(r_1, \cdots, r_s, x_{s+1}, \cdots, x_n) \bmod q$$

诚实的 P 只需令

$$P(x_j) = R_{x_{j+1}} \cdots R_{x_s} O_{s+2} \cdots O_l \, \Phi(r_1, \cdots, r_{j-1}, x_j, r_{j+1}, \cdots, r_s, x_{s+1}, \cdots, x_n) \bmod q$$

后者也意味着计算出多项式后带入变量已有的值，除了 x_j 外。

现在，检查 $P(x_j)$ 的次数：

· 只要不是最右 n 个降次算子中的某一个，$P(x_j)$ 的次数都至多为 2。（因为之前一定已经降过次，而每次 $\prod$ 或 Ц 至多将次数升为 2。）

P^* 发 $P^*(x_j)$ 想要通过验证时，$\Pr[P^*(r_j) = P(r_j)] \leqslant \frac{2}{q}$。

· 对于最后 n 个降次算子，因为还未进行过相应变量的降次，所以 $P(x_j)$ 的次数至多为 Φ 的次数 d。

P^* 发 $P^*(x_j)$ 想要通过验证时，$\Pr[P^*(r_j)=P(r_j)]\leqslant\dfrac{d}{q}$。

综上，分析整个协议的 soundness：

当 $\psi=0$ 时，P^* 要使 V 接受，至少在一轮中发送的 $P^*(x_i)\neq P(x_i)$ 且 $P^*(r_i)=P(r_i)$，而

- 对每个 $\prod$ 或 ⨿，V 错误的概率至多 $\dfrac{1}{q}$，而这样的算子有 n 个；

- 对最后 n 个降次算子，每次错误的概率至多 $\dfrac{d}{q}$；

- 对非最后 n 个降次算子，每次错误的概率至多 $\dfrac{2}{q}$，这样的算子有 $\sum\limits_{i=1}^{n-1} i$ 个。

所以，

$$\Pr[V\text{ accept}]\leqslant n\cdot\frac{1}{q}+n\cdot\frac{2}{q}+\left(\sum_{i=1}^{n-1}i\right)\cdot\frac{d}{q}$$

$$=\frac{n+nd+n^2-n}{q}$$

$$=\frac{nd+n^2}{q}\ll\frac{1}{2}$$

□

12.4　零知识证明

复杂性理论中，人们更多地是关注欺骗的 prover 可能会愚弄 verifier 接受一个错误的陈述（如 $x\in L$，而事实并非如此），但很少关注欺骗的 verifier 可能会愚弄 prover。而在密码学的背景下，人们渴望保证 prover 的信息保密：P 向 V 证明 $x\in L$，但并不希望泄露更多的知识（如 $x\in L$ 的证书）。这样的特性称为**零知识**（Zero knowledge，简记为 ZK。）

一般来说，证明总是承载着比所证明的陈述更多的知识，但是不会泄露信息的证明也并非不可能。

例如，在经典游戏"Where's Waldo"中，我给你一张充满了密密麻麻人头的图片，要求你在其中找到 Waldo。但是，我怎样向你证明 Waldo 确实在其中又不泄露他的具体位置呢？我可以找一张很大的纸，在上面掏一个小洞，它刚好和 Waldo 的头一样大，把这张纸盖在那张图片上，让 Waldo 的头正好从小洞中露出来。这样你就相信 Waldo 确实在图片中了，但是你不会因为我这个证明而获知 Waldo 的具体位置。

ZK 证明系统在密码学中非常重要，在复杂性理论中也有一定的研究价值。下面先给出它的一种简化定义，再简单介绍一些与之相关的复杂性结论。

定义 12.9（ZK Goldwasser，Micali and Rackoff）　假设语言 $L\in$ IP，(P,V) 是其交互式证明协议，称 (P,V) 是 ZK 的，若即使 V 欺骗，记作 V^*，都存在 (P)PT 的 S（称作模拟器 simulator），使得当 $x\in L$ 时，S 的输出 $S(x)=(m_1,m_2,\cdots,m_l)$ 与 (P,V^*) 输入 x 时交互产生的消息序列同分布，记为

$$S(x)=(P,V^*)(x)$$

注：

(1) 定义意味着证明过程中发送的消息序列不会泄露其它信息。因为 S 只需要 x 而不需要与 P 交互，也能产生这样的消息序列。（从而 V^* 也能，如果由这样的消息序列可以得出什么信息，那么 V^* 早就可以做到了。）

(2) 虽然定义中未明确限定 P 的计算能力，但 P 必然是随机化算法，否则不可能 ZK。试想，若 P 是确定性的，假设证明过程中 P 发第一条消息，则这条消息就是固定的，记作 $\widetilde{m}$，那么对于任意的 S，因为只知道 x，不知道 $\widetilde{m}$，它就没办法输出一个与 $\widetilde{m}$ 等分布的 m_1。

密码学中，为使协议实际可用，P 也经常要求是 PPT 的，此时 ZK 证明系统称为 **ZK argument**。

(3) 定义中分布相等这一要求实际中可能过强，可以考虑弱化为统计接近或计算不可区分。统计接近意味着两个分布统计距离小到可以忽略，而计算不可区分是指任何 PPT 的算法都不能区分这两个分布。它们的具体定义这里不再给出，只介绍文献中经常出现的一些相关符号和术语。为了以示区别：

- 相等记作 $\equiv$，由此定义的 ZK 称为 **PZK**(Perfect ZK)；
- 统计接近记作 $\overset{s}{\approx}$，由此定义的 ZK 称为 **SZK**(Statistical ZK)；
- 计算不可区分记作 $\overset{c}{\approx}$，由此定义的 ZK 称为 **CZK**(Computational ZK)。

有 PZK、SZK、CZK 证明的语言分别构成的复杂性类我们也使用相同简写 PZK、SZK、CZK 表示，对这些 ZK 复杂性类已经证明如下结论。

定理 12.10　若单向函数存在，则 NP⊆CZK。（NP 中的语言都有 CZK 证明。）

定理 12.11　若单向函数存在，则 IP⊆CZK。

这些定理的证明需要用到密码学中的承诺方案，由单向函数易得承诺方案，但我们这里不再引入相关的知识，具体可参阅参考文献[18]和[44]。

为了加深对 ZK 的理解，下面给出 NP 中的语言：
$$\text{ISO}=\{(G_0,G_1):G_0 \text{ 和 } G_1 \text{ 同构}\}$$
的一个几乎 PZK 的证明协议。

假设 $G_0\cong G_1$，π 是从 G_0 到 G_1 的同构置换，即 $\pi(G_0)=G_1$。P 想向 V 证明这一点，如果直接将 π 发给 V，虽可以证明，但泄露了 π，不是 ZK 的。为了不泄露 π，构造 (P,V) 如下：

(1) P 随机选一个置换 σ 和一个 $b\in\{0,1\}$，将图 $H=\sigma(G_b)$ 发给 V；

(2) V 随机选 $b'\in\{0,1\}$ 并发送给 P；(V 希望 P 能证明 $G_{b'}\cong H$，如果 $G_0\cong G_1$，这是必然的。)

(3) P 发置换 τ 给 V（来证明 $G_{b'}\cong H$）；
$$\tau=\begin{cases}\sigma, & \text{若 } b'=b\\ \sigma\pi^{-1}, & \text{若 } b=0,b'=1\\ \sigma\pi, & \text{若 } b=1,b'=0\end{cases}$$

(4) V 接受当且仅当 $H=\tau(G_{b'})$。

分析该协议：

- completeness：$G_0\cong G_1$ 时，显然无论是哪种情况 V 都一定会接受。

- soundness：$G_0 \ncong G_1$ 时，因为 $\forall \pi, G_0 \ncong \pi(G_1)$，所以当且仅当 $b'=b$ 时才能有

$$H=\sigma(G_b)=\tau(G_{b'})=\sigma(G_{b'})$$

而对诚实的 V，$\Pr[b'=b]=\frac{1}{2}$，所以 $\Pr[V \text{ accept}]=\frac{1}{2}$，符合 IP 对 soundness 的要求。

- ZK：欺骗的 V^* 是否可能从证明中获得 π 的知识呢？若 $G_0 \cong G_1$，那么 $b'=b$ 时

$$H=\sigma(G_b)=\sigma\pi^{-1}(G_{\bar{b}}) \text{ 或 } \sigma\pi(G_{\bar{b}})$$

无论是两者中的哪种情况，这都可以看作是 $\sigma'(G_{\bar{b}})$，由 σ 的随机性，σ' 也随机。因此，当 V^* 得到 H 时，因为它并不知道 b 和 σ，所以 H 等可能地来自 G_0 和 G_1，即 H 与 b 独立。记 V^* 选的 b' 为 b^*，则 b^* 与 b 也独立。

之后，V^* 得到 τ，这是 $G_{b^*}^*$ 与 $H=\sigma(G_b)$ 之间的一个同构，V^* 甚至不能推断 $\tau=\sigma, \sigma\pi^{-1}$ 还是 $\sigma\pi$，也就是说，对 V^* 来说，τ 根本上相当于 σ，而 σ 与 π 并无关系，当然不会泄露 π 的知识。

以上只是一个直观上的分析，证明需要写出模拟器 S 的具体算法，此处需要对 S 的要求稍微弱化。

试想，$\forall V^*$，S 可以像 P 那样自己随机选 b, σ，得到 H，再以 H 调用 V^* 产生 b^*，若 $b^*=b$，S 只要令 $\tau=\sigma$，但是，若 $b^* \neq b$，S 该怎么办呢？

可以弱化对 S 的要求，譬如允许它 fail。这样，当 $b^* \neq b$，S 直接 fail。因为现在 $\Pr[b^*=b]=\frac{1}{2}$，所以 $\Pr[S \text{ fail}]=\frac{1}{2}$，这与"几乎"PZK 相差似乎太大。

为此，可以考虑的弱化有两种，一种是允许 S 是期望 PPT 的，即：要想算法成功，期望运行的次数至多是多项式，另一种是只要求 SZK。这也就是为什么我们说"几乎 PZK"的原因。

S 的具体构造如下：

随机选 b, σ，令 $H=\sigma(G_b)$，以 H 调用 V^* 产生 b^*，

若 $b^*=b$，S 输出 $(H, b^*, \tau=\sigma)$；

若 $b^* \neq b$，

- 针对第一种弱化：S 重复上述过程（重选 b, σ，用新的 H 调用 V^*），直至 $b^*=b$。
- 针对第二种弱化：S 重复上述过程 $n=|(G_0, G_1)|$ 次（保证 PT），若始终 $b^* \neq b$ 则 fail。

分析 S 如下：

- 第一种：期望 2 次就可以使 $b^*=b$，而此时 $(H, b^*, \tau=\sigma) \equiv (P, V^*)(G_0, G_1)$。（注意，对这个 S，$b^* \neq b$ 不会发生。）
- 第二种：当 n 次中至少有一次 $b^*=b$ 时，$(H, b^*, \tau=\sigma) \equiv (P, V^*)(G_0, G_1)$。当 n 次中每次都 $b^* \neq b$ 时 fail。但 $\Pr[\text{fail}] \leqslant \frac{1}{2^n}$，所以

$$S(G_0, G_1) \overset{s}{\approx} (P, V^*)(G_0, G_1)$$

12.5　概率可验证明(PCP)

在引入交互式证明时，我们看到只允许交互不允许使用随机性是无用的，那么只允许

使用随机性而不允许交互又会如何呢？即：允许 V 出错，只要错误概率足够小。特别地，V 仍需读全部的"证明" π 吗？如果不需要，至少需要读多少比特呢？令人惊讶的结论是，若 $L \in NP$，V 可以只读 π 的常数个比特!!! 这就是著名的 PCP 定理。

我们首先引入概率可验证明（PCP）的定义。

定义 12.12（PCP） 假设 r, q 是任意 $\mathbb{N} \to \mathbb{N}$ 的函数，语言 $L \in \mathrm{PCP}(r(\cdot), q(\cdot))$，若存在 PPT 的验证器 A，使得

(1) $A^{\pi}(x)$ 至多使用 $O(r(|x|))$ 个 coin-flips，至多读 π 的 $O(q(|x|))$ 个比特；

(2) 若 $x \in L$，则 $\exists \pi$，使得 $\Pr[A^{\pi}(x) = 1] = 1$；

(3) 若 $x \notin L$，则 $\forall \pi$，$\Pr[A^{\pi}(x) = 1] \leqslant \dfrac{1}{2}$。

定义 $\mathrm{PCP} = \mathrm{PCP}(\mathrm{poly}, \mathrm{poly})$。

注：

(1) A 可以 oracle 询问 π，即：可以随机读 π 的任何一个比特，只要在询问带上写出一个索引 i，就可以一步得到 π 的第 i 个比特。

(2) A 的 time 以 $|x|$ 衡量，但 $|\pi|$ 关于 $|x|$ 可能是指数级，这并不影响 A 对 $|\pi|$ 的随机访问，因为索引还是多项式长的。

(3) 可以使用双边错的方式定义，也不影响类，只是参数会有所不同。

我们可以将 PCP 看作是一种交互式证明：P 有 π，V 可以向 P 询问 π，但是 P 必须提前承诺 π，即：P 不能根据 V 的询问改变自己的回答。这样一来，可能欺骗的 prover P^{*} 的能力受到了限制，但诚实 prover P 的能力不受影响。所以，$IP \subseteq PCP$。

另外，显然，$\mathrm{PCP}(0, poly) = NP$，$\mathrm{PCP}(poly, 0) = \text{co-RP}$，所以只有既允许随机性，又允许对 π 的询问，PCP 才可能"获得"有用的结论。由此，人们得到一个深刻的结果：

定理 12.13（PCP 定理） $NP = \mathrm{PCP}(\log n, 1)$。

PCP 定理说明了对 NP 中的语言，验证者确实只需读 π 的常数个比特，它是 20 世纪末理论计算机科学最重要的成果之一，其证明也是理论计算机科学中最复杂的证明之一，此处不再做进一步的介绍。

PCP 定理的影响是深远的，其中之一与最优化问题的近似求解有关，很多最优化问题已证明是 NP-hard 的，譬如前面提到过的 TSP 问题，实际中如果遇到这类问题只能退而求其次，只求一个近似解，近似的程度显然越高越好。但是，PCP 定理表明即使近似求解也是 NP-hard 的，这扩展了 NP 完全性理论的实际重要性，参阅参考文献[4]。

参 考 文 献

[1] SIPSER M. Introduction to the Theory of Computation. 2nd. 北京：机械工业出版社，2006.

[2] SIPSER M. Introduction to the Theory of Computation . 3rd. Boston：Cengage Learning，2012.

[3] SIPSER M. 计算理论导引. 2 版. 唐常杰，等，译. 北京：机械工业出版社，2006.

[4] ARORA S, BARAK B. Computational Complexity：A Modern Approach. Cambridge：Cambridge University Press，2009.

[5] GOLDREICH O. Introduction to Complexity Theory -Lecture Notes，1999. http://www. wisdom. weizmann. ac. il/~oded/cc99. html.

[6] GOLDREICH O. Computational Complexity：A Conceptual Perspective. Cambridge：Cambridge University Press，2008.

[7] PAPADIMITRIOU C H. Computational Complexit. 北京：清华大学出版社，2004.

[8] BOVET D P, Crescenzi P. Introduction to The Theory of Complexity. Hemel Hempstead：Prentice Hall International，1994.

[9] 堵丁柱，葛可一，王洁. 计算复杂性导论. 北京：高等教育出版社，2002.

[10] 张立昂. 可计算性与计算复杂性导引. 北京：北京大学出版社，1996.

[11] HOPCROFT J E, ULLMAN J D. Introduction to Automata Theory，Languages and Computation. New Jersey：Addison-Wesley，1979.

[12] BALCAZAR J L, DIAZ J, GABARRO J. Structural complexity I. 2nd. Berlin：Springer-Verlag，1995.

[13] HEMASPAANDRA L A, OGIHARA M. The Complexity Theory Companion. Berlin：Springer-Verlag，2002.

[14] 柯召，孙琦. 数论讲义（上册）. 2 版. 北京：高等教育出版社，2001.

[15] MITZENMACHER M, UPFAL E. Probability and Computing：Randomized Algorithms and Probabilistic Analysis. Cambridge：Cambridge University Press，2005.

[16] BOVET D P, CRESCENZI P. Introduction to the theory of complexity. https://www. tcs. ifi. lmu. de/lehre/ws-2015-16/kompl/bovetcrescenzi.

[17] SHOUP V. A Computational Introduction to Theory and Algebra. Cambridge：Cambridge University Press，2008.

[18] GOLDREICH O. The Foundations of Cryptography - Volume 1. Cambridge：Cambridge University Press，2001.

[19] SIPSER M. The History and Status of the P versus NP Question. Proceedings of the 24th annual ACM symposium on Theory of Computing（STOC'92），New

York: ACM, 1992: 603-618.

[20] NASH J. Letter to the United States National Security Agency. www. nsa. gov/ public info/ files/nash letters/nash letters1. pdf, 1955.

[21] AARONSON S. P $\overset{?}{p=}$ NP. Electronic Colloquium on Computational Complexity, 2017, 24:4.

[22] LADNER R E. On the Structure of Polynomial Time Reducibility. Journal of the ACM, 1975: 22(1): 155-171.

[23] BAKER T, GILL J, Solovay R. Relativization of the P $\overset{?}{=}$ NP question. SIAM Journal on Computing, 1975, 4(4): 431-442.

[24] FÜRER M. The Tight Deterministic Time Hierarchy. Proceedings of the fourteenth annual ACM symposium on Theory of computing (STOC'82), New York: ACM, 1982: 8-16.

[25] LORY K. New Time Hierarchy Results for Deterministic TMs. Annual Symposium on Theoretical Aspects of Computer Science (STACS'92), LNCS 577, Berlin: Springer-Verlag, 1992: 329-336.

[26] IWAMA K, IWAMOTO C. Improved Time and Space Hierarchies of one-tape off-line TMs. Proceedings of the 23rd International Symposium on Mathematical Foundations of Computer Science (MFCS'98), LNCS 1450, Berlin: Springer-Verlag. 1998: 580-588.

[27] FORTNOW L, SANTHANAM R. Time Hierarchies: A Survey. Electronic Colloquium on Computational Complexity, 2007, 14: 4.

[28] TRAKHTENBROT B A. The Complexity of Algorithms and Computations (Lecture Notes). Siberia: Novosibirsk University, 1967.

[29] BORODIN A. Complexity Classes of Recursive Functions and the Existence of Complexity Gaps. Proceedings of the 1st Annual ACM Symposium on Theory of Computing, New York: ACM, 1969: 67-78.

[30] BORODIN A. Computational Complexity and the Existence of Complexity Gaps. Journal of the ACM, 1972, 19(1): 158-174.

[31] BLUM M. A Machine-Independent Theory of the Complexity of Recursive Functions. Journal of the ACM, 1967, 14(2): 322-336.

[32] BOOK R V, GREIBACH S A, Wegbreit B. Time-and Tape-Bounded Turing Acceptors and AFLs. Journal of Computer and System Sciences, 1970, 4(6): 606-621.

[33] COOK S A. A Hierarchy for Nondeterministic Time Complexity. Proceedings of the fourth annual ACM symposium on Theory of computing (STOC'72), Denver: ACM, 1972: 187-192.

[34] SEIFERAS J I, FISHER M J, MEYER A R. Separating Nondeterministic Complexity Classes. Journal of the ACM, 1978, 25(1): 146-167.

[35] ZAK S. A Turing Machine Time Hierarchy. Theoretical Computer Science, 1983, 26(3), 327-333.

[36] GILL J. Computational Complexity of Probabilistic Turing Machines. SIAM Journal on Computing 1977, 6: 675-695.

[37] WEGENER I. Complexity Theory: Exploring the Limits of Efficient Algorithms. Berlin: Springer-Verlag, 2005.

[38] ADLEMAN L M, HUANG M A. Recognizing Primes in Random Polynomial Time. Proceedings of the nineteenth annual ACM symposium on Theory of computing (STOC'87), New York: ACM, 1988: 462-469.

[39] AGRAWAL M, KAYAL N, SAXENA N. PRIMES is in P. Annals of Mathematics, 2004, 160(2): 781-793.

[40] NISAN N, WIGDERSON A. Hardness vs Randomness. Journal of Computer and System Sciences, 1994, 49(2): 149-167.

[41] IMPAGLIAZZO R, WIGDERSON A. P=BPP if E Requires Exponential Circuits: Derandomizing the XOR Lemma. Proceedings of the 29th annual ACM symposium on Theory of computing (STOC'97), New York: ACM, 1997: 220-229.

[42] FÜRER M, GOLDREICH O, MANSOUR Y, et al. On Completeness and Soundness in Interactive Proof Systems. In Advances in Computing Research: A Research Annual, 1989, 5.

[43] GOLDWASSER S, SIPSER M. Private Coins vs Public Coins in Interactive Proof Systems. Proceedings of the eighteenth annual ACM symposium on Theory of computing (STOC'86), 1986: 59-68.

[44] GOLDREICH O, MICALI S, WIGDERSON A. Proofs that Yield Nothing But their Validity or All Languages in NP have Zero-Knowledge Proofs. Journal of the ACM, 1991, 38(3): 690-728.